算道与胜局

子告◎编著

中国华侨出版社

·北京·

图书在版编目 (CIP) 数据

算道与胜局 / 子告编著 .—北京：中国华侨
出版社，2004．10（2025．4 重印）
ISBN 978-7-80120-870-5

Ⅰ．①算… Ⅱ．①子… Ⅲ．①成功心理学－通俗读物
Ⅳ．① B848.4-49

中国版本图书馆 CIP 数据核字（2004）第 094872 号

算道与胜局

编　著：子　告
责任编辑：唐崇杰
封面设计：周　飞
经　销：新华书店
开　本：710 mm × 1000 mm　1/16 开　　印张：12　　字数：143 千字
印　刷：三河市富华印刷包装有限公司
版　次：2004 年 10 月第 1 版
印　次：2025 年 4 月第 2 次印刷
书　号：ISBN 978-7 -80120-870-5
定　价：49.80 元

中国华侨出版社　北京市朝阳区西坝河东里 77 号楼底商 5 号　邮编：100028
发 行 部：（010）64443051　　　　　　　传　真：（010）64439708

　　"算道"两字的本义在于：对于眼前的人和事都要经过头脑和心里"运作"，找到一个恰到好处的切入点。的确，算道对于一个想成就自己心中事的人来说，具有稳中求胜的作用。翻一翻《三十六计》和《孙子兵法》，就会发现，它们讲尽了算道对于胜局的决定性作用，真可谓"小算小胜，大算大胜"；同时也说明"有算则胜，无算则不胜"的成败之道。

　　那么，如何把算道与胜局融合在自己的行动中呢？鬼谷子曾讲"善算胜者，必以行道为始"，意思是：只有知算才能胜算，只有谋道才能成道。这一点与《孙子兵法》中讲的"知己"与"知彼"的关系吻合。毫无疑问，算道是你心中的一张秘密"图谱"，它能助你谋不可谋之事，成不可成之事，尤其能让你以最小的付出，赢得最大的胜局。

　　大家知道，天下事并非皆可手到擒来，更多的是需要与之不断地"较劲"，才能有所成。因此，你所掌握的算道多少，往往起决定性的作用——善用之，则无坚不摧；不善用之，则百试不灵。那么，又如何运用算道呢？这正是本书关心的一个重要问题。为此，全书分析了许多有关"算道"的类型，可供大家参考：

　　一、攻算：不仅强调攻击，而且着重防守。在攻防之间取得平衡，以求决定性胜局。舍去攻与守任何一方，都是违背胜道的。

二、巧算：指用智力算清自己究竟该走哪一步，又不该走哪一步。无巧则必疏，疏则必败，更谈不上什么大胜了。

三、细算："无细则败"，这是显而易见的道理。因此细算是你做事胜负的秘诀。什么叫细算？即能把自己面临的大小局势分割成块，逐个盘算。

四、绕算：是指该不硬碰的就闪开。绕可通，通则胜。大凡做事，不如此则为浅薄之举。

你在思考这些算道时，不要仅从理论上去简单把握，应当把它们落实到实战中，在实战中把它们发挥到淋漓尽致的程度，才是真正的胜手。

为此，本书又结合中国古代许多在"算道"方面极富经验的成功者——例如苏秦、孙膑、刘邦、曹操、刘备、刘渊、赵匡胤、成吉思汗、耶律楚材、朱元璋、雍正、乾隆、刘墉、曾国藩、胡雪岩、李鸿章，多角度、多层次地加以分析和深化，目的就是把这些"算道"对于实战的作用，全盘托出，对你有所启示。

最后想说明的是：很多人不是因为缺乏智力与能力，而是因为缺乏对眼前人事思考的角度，所以难以真正形成一种行之有效的算道，而让自己总是在失败的边缘上徘徊。其实，你的行动算道是始于平时的训练，凡能注意此点者，多想一些容易造成失败的可能性，那么就会最大可能获得胜局。

希望本书对你行动的准确性和取胜率有所帮助！

目　录

目录

伍　变算与侧胜

迈出的脚要有目的性

陆　霸算与猛胜

真金可以不在火炉中炼

壹 攻算与守胜

躲闪结合，声东击西

- 攻算之道在于：不仅强调攻击，而且着重防守。在攻防之间取得平衡，以求决定性胜局。舍去攻与守任何一方，都是违背胜道的。
- 孙膑兵法在"攻"与"守"上大做文章，他以攻为守，以守为攻，时刻准备两手。这也是做成大事的必然手段。

》》 共谋一条人生出路

　　人生出路何其多？当然有"条条大道通罗马"之说。但对于在困难时刻，难觅出路者而言，思考出路也许并不容易。孙膑善于经营人际关系，去寻找挚友，目的就是共谋一条人生出路。

　　鬼谷子的老朋友墨子带着门徒禽滑上鬼谷来了。两个老朋友久别重逢，把酒纵论天下大事，谈得十分投机。他透露出了魏惠王正在四处张榜求贤，意欲富国强兵的消息。庞涓得知后就急了。当夜，他叩开了师父的房门，提出了下山的请求："弟子我承蒙你老人家的教诲，学习兵书战策已经三年多了。听墨子先生说，魏惠王正在招贤纳士，这是个机遇。我想回到乡梓之邦，一展所学。"鬼谷子白眉一皱，沉吟了起来。庞涓又进一步恳请道："师父，你老人家就高抬贵手，放我走吧！"鬼谷子点了点头说："行呀！我这里向来是来者不拒，去者不留的！"庞涓眉开眼笑地说："多谢师父！弟子此去一有荣华富贵，一定要反哺报答。"鬼谷子淡淡一笑："我是个闲云野鹤样的人，早就看破了红尘。以你所学，下山去以后，容易取得高官厚禄。到那时，我不图你报答什么，只要将你的义兄孙膑提携提携，为师我就很满足了。"庞涓满口答应："一定一定！我和孙兄是对天盟过誓，有福同享，有难同当的呀！"

　　次日天晴，正好上路。孙膑陪着庞涓去告别了师父，然后背着庞涓的行李送他下山。二人下了一坡又一坡，绕了一湾又一湾，真是难舍难分。庞涓非常感动地说："孙兄，请留步吧！为弟此去站稳了脚跟，就一定捎信来请你。我们弟兄同心协力，建功立业，岂不痛快吗？"孙膑对此深信不疑地说："好吧！祝你万事如意，鹏程万里。愚兄我就静候贤弟你的喜讯了！"二人说不尽的千言万语。眼看红日当中，只好紧紧地拥抱，洒泪告别。庞涓走了好远好远，回头一望，只见孙膑还站在一个高坡上向他遥遥招手目送。

孙膑回到山上。鬼谷子见他脸有泪痕就问道："你这是为送庞涓而流的惜别泪吧？"孙膑如实相告："我与他既是同学又是兄弟，实在不忍分别。"鬼谷子说："你说说，以庞涓之才，能为大将吗？"孙膑回答："庞涓人很聪明能干，又蒙师父三年多的亲切教诲，我看他定能出将入相，名扬四海。"鬼谷子先点头表示同意，然后又摇头说："我看他未必事事如意！"孙膑急问："这是为什么？"鬼谷子笑而不答，取出壁上宝剑练了起来。

一日下午天阴风凉。鬼谷子在一株亭亭如伞盖的大青松下讲学完毕后说："我房中老鼠猖狂，吵得我整夜睡不好觉。众弟子可轮流值班，为我驱鼠。""是！"大家齐答。

从当天夜里起，众弟子就轮流在鬼谷子房中值夜。开始，大家还十分认真，时间一长，有的人就马虎起来：有迟到早走的，有干脆睡大觉的。只有孙膑非常忠于职守，不但按时驱鼠，还自制铁笼捕鼠几十只。所以，每当孙膑轮班，老鼠们都害怕得不敢出洞了。因此，鬼谷子便能睡好觉，第二天讲学时精神特好。

又是一夜。孙膑在师父睡房中，照例安好捕鼠铁笼，手持木棒，睁大眼睛，认真值夜。半夜时分，鬼谷子睡醒了，在蚊帐中探出头来说：

"孙膑，你过来一下。"孙膑赶紧走近床前，在微弱的灯光下，只见师父在床上闭目打坐。孙膑当即躬身行礼："师父，莫非弟子打扰你了？"鬼谷子说："不是不是。每逢你值夜，我都睡得很好。现在夜半无人，为师我要送你一样东西，给！"孙膑接过一捆竹简，还不知是什么内容时，鬼谷子说话了："此乃孙子兵法十三篇。是你祖父孙武所著。我与他生前相交很深。他临终时将此书赠送予我。我用10多年时间亲为注疏。行兵秘诀，尽在其中。我没有传过别人。今见你为人忠厚，勤于学业，故传于你！"孙膑说："弟子从小死了父母，也听说祖父有此兵书。师父既然获得，为什么不传授予庞涓，而独传于我一人呢？"鬼谷子说："此书是无价之宝。当年你祖父用它大败楚军，使吴国称霸中原。得此书者，善于利用就能为天下兴利，不善于利用就要为天下之害。庞涓与你是不能相提并论的。"

　　孙膑接过兵书，拜谢了师父，回到陋室，独自悄悄地挑灯夜读，越读越有兴致，连东方发白，天已大亮了也不知道。三天之内，他如饥似渴地读完了全书与全部注疏。夜里，他主动要求提前值夜驱鼠，趁夜深无人时，就把原书归还师父。鬼谷子向他提问，他对答如流。不但一字不差地全部背诵，而且还有个人的发挥创造。鬼谷子兴奋得一拍床沿说："好，好！你如此用心攻读，你祖父又复生了！"

≫ 不让人发现自己的一点心思

让人发现心思，比较容易被人操纵。这是成功一大忌讳。孙膑虽然智力过人，但他仍然是力戒让人看透自己的心思，而是尽可能把自己包裹得严实一些，以免处于被动的受制于人的地步。

庞涓的为人，心胸狭窄，口是心非。他在鬼谷学习时，装出一副老实相迷惑了孙膑。现在一朝富贵了，就怕孙膑来后，才学超过了他，对他不利，因而不想引荐。现在听了魏惠王的话，不敢不从。他两个眼珠一转，心想："等孙膑来了，我再伺机行事吧！"

孙膑接到了庞涓的来信和魏惠王使臣的邀请，心中非常高兴。他想，庞涓果然没有忘掉弟兄之情，便很快辞别了鬼谷子师父去了大梁。他先见庞涓，谢其引荐之情。庞涓大言不惭地说："谁叫我们是同学又是兄弟呢？你来得太好了！我高兴得睡着又笑醒哩。"

次日，魏惠王接见了孙膑。二人谈起了军国大事来非常投机，大有如鱼得水、相见恨晚之意。魏惠王喜形于色对在座的庞涓说："寡人欲封孙膑为副军师，让你二人同掌兵权，你看如何？"庞涓心里很不高兴，但表面上却装出一副笑脸说："当然可以。不过，臣与孙膑是结义兄弟，他为兄，我为弟，哪能让兄长屈居副职呢？依臣之见，莫若暂时拜为客卿，等他立下大功，我就让位于他吧！"魏惠王觉得此言有理，于是孙膑为客卿——以客礼相待，并专门赐给了府第。

庞涓回到府中，心里像打翻了醋坛子一样，酸溜溜的。他想："孙膑才学超过了我。一山难存二虎。如果不除掉他，我的地位就难以保全。"于是，一面与孙膑热情往来，送这送那，一面却指使人在魏惠王面前挑拨说："孙膑是齐国人，虽然身在魏国，总是忘不了他的家乡。若掌了兵权，恐怕对魏国就危险了。"魏惠王对此不理。

过了三月，一个自称叫丁乙的齐国商人到孙府求见孙膑，说他受乡邻之托，到鬼谷寻孙膑不见；听说孙膑已出仕魏国，便专门到大梁投递家书。说毕就于怀中取出一封帛书。孙膑接过一看，认出是堂兄孙平、孙卓亲笔。信中说他们自从在洛阳失散之后，四处寻找皆无着落，心中非常不安。现在他们早已回到故里辛勤耕作，外加经商有方，现已丰衣足食。以后打听到小兄弟在鬼谷求学，才请好友丁乙，由于经商之便，求其捎信。小兄弟见信后速归乡里，弟兄团聚，同扫祖先坟墓，以尽人子之孝道。孙膑看后，惊喜交集，庆幸二位堂兄有了消息，自己他日已有叶落归根之处了。丁乙问孙膑何时归乡？孙膑说自己已做魏臣，此事待后再说。于是盛情招待丁乙，又托他带回信。信中先叙兄弟之情，次说自己仕魏尚无寸功，待他日功成名就之后，就回故乡。

丁乙收藏她回信和孙膑赠送的黄金一锭后，出了城门就绕道去到庞府告密。原来丁乙不叫丁乙，是庞涓的手下徐甲假冒。庞涓那天套出了孙膑的家史，就叫徐甲伪造了孙平、孙卓的家书，套到了孙膑的回信。庞涓看后，如获至宝，又叫徐甲模仿孙膑笔迹，将其回信加以改动，说他身在魏国，心怀齐土，伺机在战场弃魏报齐。

伪造的回信，很快就出现在魏惠王眼前，他看后信以为真，大惊。庞涓又进一步挑拨说："孙膑的祖父孙武为吴王大将，后来仍归于齐。父母之邦，谁能忘掉？孙膑心已恋齐，大王如重用他，有了兵权，那就太危险了。况且，孙膑之才，不亚于臣。若被齐国重用，必与我国争霸中原。大王不如杀掉他，以除国家后患。"惠王思虑后说："孙膑应召而来，罪证不足，我若杀他，恐怕要遭人议论的。"庞涓当即见风转舵说："大王言之有理：臣有一计，可进一步考验于他。"惠王说："你就说说吧。"庞涓说："我这就去劝说孙膑，如其留魏，大王就予以封赏，如果不留，就证明他确有投齐之罪。大王可将他交到军师府，由臣处置好了。"

庞涓出了王宫就去孙膑处，询问他是不是家乡来了人？孙膑如实回答。庞涓伪善地向他道贺，并鼓励他告假归齐探亲，自己定在惠王处为其帮腔，促成其事。孙膑被庞涓花言巧语迷惑，又动了思亲扫墓之心，再加眼前没什么大事可做，遂决定请假探亲。

是夜，庞涓又去王宫，在惠王处挑拨说："孙膑心已归齐，坚不可留，也等不到战场上倒戈了。而且，他对大王迟迟不封他高官，存有怨恨之心。如若他有表章请假，那即他的叛逆罪证了。"

次日早朝，孙膑果然上表请假回齐国探亲扫墓。惠王见表大发脾气，以通敌罪将孙膑逮捕，交军师府问罪。

孙膑做梦也想不到自己由座上客，转眼变成了阶下囚；惠王不听他的申辩。军士们将他绳捆索绑地押往军师府，庞涓见了，假装吃惊，并说要到惠王那儿为义兄辩冤。孙膑说："那就全靠贤弟你打救为兄了！"

庞涓当即进宫见惠王说道："孙膑虽有通敌叛国之嫌，然而是罪不至死，以臣愚见，不如处以刖刑，使其终身残疾。这样就免除了魏国后患，又不致使大王招杀贤之名，岂不两全其美？"惠王准奏后，庞涓又回府对孙膑卖好说："大王本要杀你，是我一再保奏，才将死刑改为刖刑。

这是魏国的王法，非我不努力保本呀？"说毕就做出了一副哭相。孙膑虽觉冤枉，但还是感激庞涓的救命之恩。庞涓便命行刑，自己言说不忍相看而回避了。执刑人将孙膑的两个膝盖骨去掉，疼痛难忍，一时昏了过去。继之，执刑人又在他脸上用针刺了"私通外国"四字，并以墨涂染。然后，庞涓就出来了。他如丧考妣地大声痛哭，亲自为孙膑敷药治伤，送饭送水多方照顾。

两个月后，孙膑的伤口痊愈，然而已不能直立行走，成了个残疾人。他终日受庞涓好饭好菜供养，甚觉庞涓是个仁义之人。庞涓就请他传授鬼谷子先生注疏的孙子兵法。孙膑满口答应。于是，便诚心地靠回忆逐字逐句地书写起来。

庞涓安排了一个叫诚儿的人服侍孙膑。他名为服侍，实为坐探。诚儿每天都要把孙膑的言行向主人作详细汇报。这诚儿是一个善良的人。时间一久，他就听庞涓的心腹人徐甲说出了主人的阴谋：等孙膑把《孙子兵法》写完，就要断他饮食，活活将他饿死。诚儿内心非常同情孙膑之遭遇，就告诉了他。孙膑听后，方恍然大悟：原来庞涓是一个人面兽心，笑里藏刀的小人。他想："庞涓这等无义，我岂可传之兵书？"后又想："在人矮檐下，岂敢不低头？如果不写，撕破了脸皮，我的命也难保！到底怎么办呢？"孙膑一夜未睡，陷入了痛苦的思索中。

次日早饭时，诚儿照例又送来了丰盛的酒菜。孙膑把眼一瞪、牙一咬，大叫一声，把酒壶菜碗通通砸碎于地，用手指着诚儿吼道："你，你为何要用毒药来毒害我？"接着就将书写了一小半的竹简投放于火炉烧掉。

孙膑大哭大笑的反常行动，被诚儿报告了庞涓。庞涓连忙前来客房查看。只见孙膑披头散发，两眼发直地拉着其手大叫："鬼谷子师父，你快来救救我！"庞涓慌忙挣脱说："我是庞涓，不是师父。"孙膑说："不不不，你就是师父，不要骗我。我有十万天兵天将，个个能征惯战。魏王想冤杀我，真是痴心妄想，哈哈哈！"说毕就倒地打滚，胡言乱语。

庞涓怕孙膑是装疯，就命诚儿把他拖进猪圈。孙膑见满地猪粪，臭气难闻，便倒身而卧不肯回房，言此为洞天福地，比哪儿都好。庞涓又派一绝色美人，打扮得花枝招展地送酒菜予孙膑，悄悄地说："我是军师府中的舞女，我同情先生的遭遇。我决心救你出去，终身服侍于你。先生快吃了，我背你去逃命吧！"孙膑怒目圆睁地吐了美女一口唾沫说："你非舞女，你是妖精！你那不是酒菜，是毒药！我不吃！我这儿有的是山珍海味！"说毕就抓起猪粪大口大口地吃了起来。美女与诚儿去禀告庞涓。庞涓这才认定孙膑是真的疯了，从此放心地不管孙膑，任其胡乱喊叫，爬进爬出，消磨生命。

过了一月疯魔般生活的孙膑，瘦得脱了形，睡着不动时，真像个死尸一般。就这，庞涓还叫街道里甲，每日汇报孙膑的行踪。

夏去秋来，菊花盛开。一日下午，孙膑又在街头躺卧，说着疯话，招来一群小孩子的围观。突然，一阵马蹄声，行人纷纷涌向了两旁。有人说这是墨子之徒齐国使臣禽滑来了。

晚上，孙膑爬到禽滑下榻的宾馆前大喊大叫，大哭大笑。门卫明白他是精神不正常，赶也赶不走。这就惊动了宾馆里的禽滑。他出门来认出了孙膑。他已出仕齐国，做了大大，此行是受了老师墨子的嘱托和齐威王的密诏来大梁搭救孙膑的。这时，孙膑已认出了禽滑。他环视左右无人时，就悄悄地说："我是孙膑，受了庞涓陷害。我并没有疯！"

两天后，禽滑离魏归齐。他的马车坐垫木箱内装的即为孙膑。另一个假孙膑是禽滑的仆人王义假扮的，这时，还在街头疯叫疯笑，继续引得一群孩子围观。因此，庞涓送别禽滑时并不怀疑。又两天后，里甲回报庞涓：大街上一口深井旁留有孙膑的破衣烂鞋，说孙膑已经投井淹死了。

》 打出一张智胜的牌

智胜是最大的胜利。什么叫智胜？即开动脑筋，用计策谋事，把自己的对手击败。孙膑谋事讲究智胜，是始终超人一等。

禽滑用冒名顶替与金蝉脱壳计，救出了孙膑日夜兼程地回到了齐国都城临淄。孙膑洗了澡，换了衣，饱食多日之后，又恢复了他英武的面容。由于早有墨子的推荐，再加他本人装疯脱身之计，齐威王对孙膑就另眼相看，要封他的高官。孙膑辞谢说："臣一来无功不受禄，二来庞涓若知道我回了齐国，必定又起是非。莫若叫臣暂时隐姓埋名，待大王有机会用臣之时，我再立功报效吧！"

大将军田忌素知孙膑之才，就出面说："请孙先生暂住我家，我好日夜求教。"于是，田忌厚待孙膑。田忌为人礼贤下士，谦虚谨慎。不管国事家事，他都求教于孙膑。二人如鱼得水，大有相见恨晚之意。一日，田忌回府，眉头紧皱，有些不高兴。他请来孙膑，告知其不快乐的原因——原来齐国都城流行赛马的游戏。威王想用赛马促进国人练武强国。他本人也亲自参加，每次都下了很大的赌注，吸引得文武百官纷纷参加。威王的御厩里养有一批高头快马，田忌参赛连连失败。今日又输了百金。孙膑听后安慰说："将军不要犯愁。孙子兵法说，知己知彼，百战不殆。赛马打仗其理相同。下次再赛，将军带我去看看，了解了情况，我再与将军出谋划策。"

又一次赛马会在教场中举行。田忌乘车带上孙膑来到赛场。赛场之上声音嘈杂，旗帜飘扬。比赛开始了。孙膑了解到，参赛者将马分为三等。上等马对上等马，中等马对中等马，下等马对下等马，三比二胜。三等马跑的速度相差不大，因此互有输赢。但是，威王宫中的马，全是好马快马，所以每赛必胜。这次比赛，田忌仍依照常规进行，最后又失败了。

田忌回到府中，孙膑就对他说："我已想出了赛马的新方法。下次我定能让您反败为胜。"田忌说："先生如能保我获胜，我就去请求大王以千金为赌注。"孙膑满有信心地说："你只管去挑战好了，输了我负全责！"

田忌很快就去找威王挑战。威王说："你乃败军之将，怎敢言战？"田忌说："臣此次下定决心，一定要赢，并以千金作奖。"威王说："好嘛，寡人明日定要赢你千金！"

赛马会又一次在教场举行。大家听说这次赌注比哪次都高，整个临淄城万人空巷前去围观助兴。

临开赛前，田忌对孙膑说："兄长的妙计快献上吧！这次再输了，我可就惨了！"孙膑说："齐国的好马都集中于王宫。将军是不易与之力敌的。今日当以计取之。"接着，孙膑就与田忌耳语了起来，听得田忌连连点头微笑。

三声鼓响。上等马的比赛又开始。威王的马起先就冲在最前面，把田忌的马拉下了好长的距离。结果，田忌输了。

第二场是中等马比赛。田忌的马一反常态，一马当先地冲在了前面，观众齐声高叫，"快！加油！加油！"结果，田忌赢了。

　　第三场下等马的比赛开始了。田忌的马又一次赢了。结果是三比二的战果。田忌赢了一千金。全场观众欢声雷动，报以震耳欲聋的掌声。威王感到奇怪地问田忌："田卿，以往赛马，你是常败将军。今天太阳从西边出来了吗？莫非你的马都吃了神丹仙药，成了神马了？"田忌说："臣的马仍是凡马，太阳也没有从西边出来。这都是孙膑先生的妙计呀！"威王听后，眼睛一亮："赛马，又不是打仗，还有何妙计？"田忌说："此中奥秘，还是请孙先生来说吧！"

　　威王叫来孙膑相问。孙膑说："臣知大王爱好赛马，意欲训练出好马，用于他日的战争。赛马场就是战场。不但要斗勇还要斗智。军队中有上中下三军。马也有上中下三等。臣请田将军以下等马对大王的上等马，以上等马对大王的中等马，以中等马对大王的下等马。如此，力量的对比就起了变化：输一场却赢得了二场。这在兵法上就叫：'知己知彼，避实就虚，出其不意，攻其不备！'"

　　"妙哉！妙哉！"威王竖起了大拇指连连称赞孙膑："窥一斑可知全豹。从此寡人可以看出先生身残志不残，足智多谋，高人一筹！"

》 拿出"围魏救赵"的绝活

声东击西，可以避实就虚。这是兵法中最厉害的一招。孙膑惯于在兵法上用智，所谓"围魏救赵"即为响绝天下的绝活。

公元前354年秋，庞涓自以为孙膑已死，再无敌手。为了展示其才能，替魏国开疆拓土，他说服了惠王，率领10万精兵，北上入侵齐国的盟国赵国。宠家将做先锋，长驱直入。赵国首都邯郸被围。赵王派人求救于齐国。

齐威王决定拜孙膑为帅，出兵救赵。孙膑辞谢说："不行不行，臣是个残疾人，拜我为帅显得齐国别无人才，惹敌人讥笑，再说，庞涓知我未死，一定会更为小心，这对我国也是不利的。臣请拜田忌将军为帅吧！"威王点头应允，就拜田忌为帅，孙膑为军师，当即出兵。

出兵是日，田忌下令齐军直奔邯郸。孙膑说："不行不行！"田忌感到意外地问："我们不是去救援赵国吗？救兵如救火，去晚了，邯郸恐怕就完了。"孙膑说："赵军非为庞涓的对手。不等我军赶到，邯郸城早就破了，那就成了雨后送伞了。"田忌说："军师，依你如何为计？"孙膑说："我们避实就虚、声东击西，大军直捣魏国首都大梁。庞涓知道后，定然撤军回救。我们从半路截击，以逸待劳，定获胜利！"田忌闻此连连点头说："妙计！妙计！就依军师高见。"

庞涓果然一鼓作气地夺取了邯郸，正要追击残余赵军，一举扫平赵国全境时，突然接到魏惠王紧急谕旨，令其火速回军，以解大梁之围。庞涓不敢怠慢，立刻下令，以急行军速度火速回师！

齐军进入魏国，没有遇到大抵抗而长驱直入地兵临大梁城下之后，围而不打地撤到桂陵。孙膑清楚，桂陵乃魏军回师必经之地，就选择了有利地形，埋伏下精兵强将，等待鱼儿上钩。庞涓率兵回援，一天行军100余里，走了近10天，将士已十分疲劳，到了离桂陵20里地时，突然战鼓咚咚，一军杀出，拦路腰击。领兵人乃齐国牙将袁达。庞涓见齐军人不多，就命侄儿庞葱领兵接战。两人杀了20多个回合，袁达诈败而走。庞涓挥军追赶，将到桂陵，迎来又一支齐军摆开阵势。庞涓登高一望，正是孙膑刚到魏国时于教场内摆的颠倒八门阵。庞涓心中纳闷："那田忌为何也知道此阵？莫非他已求教过鬼谷子？"正在此时，一阵鼓响，齐军中闪出一员主将，全身披挂，手执长戟，认军旗上绣着一个田字。田忌在先锋田婴的护卫下高呼："庞涓小儿，速来送死！"庞涓怒瞪双眼："凭你的本事，敢与我庞大元帅对阵？"田忌冷笑一声说："庞涓，你别逞能，你认识我这阵法吗？"庞涓说："此乃颠倒八门阵。"田忌说："你敢来攻阵吗？"庞涓犹豫了一下：要说敢打，义无把握；要说不敢，岂不丢脸？于是，就硬着头皮说："打！"田忌心中暗喜地说："好！我们走着瞧！"

田忌引田婴回马入阵。庞涓对一旁的庞葱、庞茅、庞英说："你三人各领一军待命出击。我领头打阵。你们观阵势一变，就三队并进，使其首尾不能相顾。""是！"三个庞家将奉命分兵走后，庞涓就带领500精兵上前打阵。他刚入阵中，只见八方旗色，纷纷转换，东冲西杀，找不到出路。正在此时，一阵金鼓齐鸣。齐军推出一辆戎车，车上高坐着一位浓眉大眼威武英俊，手持令旗的主将，背后的认军旗上绣着一个大大的"孙"字。庞涓大惊，以为遇鬼。孙膑高声叫道："庞涓，你这人面兽心的势利小人。我不是鬼，是你害不死的义兄孙膑。老天有眼，冤家路窄。你今天敢攻打我的颠倒八门阵，我立刻叫你变成鬼！"庞涓闻言胆战心惊，连忙下令退军！孙膑把令旗一挥，几队齐军一同冲杀过来，杀得魏军弃甲丢盔，横尸遍地。庞涓自认将死之时，三位庞家将赶来解围。双方一场恶战，庞茅被田婴一枪刺死。庞英、庞葱拼死一战，损兵大半才救出庞涓逃出阵去。

侥幸脱逃之后，庞涓吓得胆战心惊，急忙率领残兵败将，像条丧家犬一样，夹起尾巴逃回大梁，紧闭城门死守不出。

贰 巧算与大胜

看着眼前山，绕着盘山路

- 巧算指用智力算清自己究竟该走哪一步，又不该走哪一步。无巧则必疏，疏则必败，更谈不上什么大胜了。
- 刘邦与对手周旋，善于巧算，并把各种技巧都用得恰到好处，仿佛在暗处总有一手时刻等待对手出击，为大胜而时刻发力。

》 在关键时刻运筹于心

智胜对手必须靠计策，没有计策的较量都是白费力气。聪明人善于在计策方面动脑筋，并运筹于心。张良在关键时刻是出谋划策的高手，因为他懂得怎样才能治住对手。

秦二世二年末，楚怀王命项羽、刘邦分兵向西伐秦。刘邦取道颍川、南阳，准备从武关攻入关中。

秦二世三年（公元前 207 年）四月，刘邦行至颍川，又同张良合兵一处，接连攻取十余城。刘邦命韩王成留守此地，另与张良率师南下。

同年六月，刘邦大破秦南阳军，逼使南阳太守退守宛城。此时，刘邦灭秦心切，企图绕道而过，直扑武关。张良仔细一想，刘邦当时实力弱小，不可进取京城临大敌！再说，眼前的南阳郡治宛城，本是秦朝统治的一个重要据点，也是沛公军脚下的一根钉子，欲拔除它，轻易可取；越而攻之，则贻害匪浅，正犯了兵家的大忌。正确的用兵之道，只能是稳扎稳打，一方面与各地盟军合作，一方面在西进中逐步发展壮大自己的力量。据此，张良向刘邦献策说："沛公虽急欲入关，秦兵尚众，距（据）险。今不下宛，宛从后击，强秦在前，此危道也。"刘邦心有灵犀，一点即通，立刻偃旗息鼓而还，于破晓前赶至宛城，重重包围。沛公又采纳陈恢建议，以攻心为上，下令招抚南阳太守，赦免宛城吏民。在大军压境的局面下，南阳太守有了活路，当然甘愿献城投降。刘邦如约封他个"殷侯"的爵衔，只是空头称号，无需封地付银，十分上算。因这一招棋得力，满盘随之皆活，全郡数十城群起效尤，迎风而降。南阳本是大郡，人口众多，财富丰饶。刘邦在此招兵买马，储草备粮，兵力很快发展到2万余人。

与此同时，北路正进行巨鹿大战，章邯所率秦军主力投降项羽。秦朝的军事支柱倾倒之后，兵力越发枯竭，四方救援不灵。这又造成南北呼应之势，为刘邦顺利进军扫除了障碍。兼之，刘邦所过严禁掳掠，秦民皆喜，自然是得道多助，师行迅速。是年八月，刘邦便攻破通往关中的重要门户武关，开进秦朝腹地。

秦朝南北两线的军事失利，迫使统治阶级内部的矛盾激化，狗撕猫咬日重一日。秦相赵高自知罪责难逃，干脆杀死了二世胡亥，擅立子婴为秦王。赵高又遣使与刘邦通谋，妄想里勾外连，分王关中。刘邦既已胜利在望，岂肯信此诈谋，再分给秦朝权臣一杯羹。他仍旧遵照张良部署，乘胜西进。

同年九月，刘邦麾军趋至峣关。峣关关偎倚峣关山天险，是通往秦都咸阳的咽喉要塞，也是拱卫咸阳的最后一道关隘，秦派遣重兵扼守此地。刘邦赶到关前，便要驱动2万士卒强行仰攻。张良却连连摇头说："秦兵尚强，不可轻举妄动。"刘邦着急地询问应敌之策，张良想了一个逢强智取的方案："臣闻其将屠者子（守将是屠夫的儿子），贾竖易动认利（商贾小人唯利是图，可用财宝打动）。愿沛公且留壁中（暂且在壁垒中按兵不动），使人先行，为5万人俱食（增修5万人的炉灶和用具），益为张旗帜诸山上（在各山上多树军旗，虚张声势），为疑兵。令郦食其持重宝陷（收买）秦将。"刘邦闻计非常高兴，立即调拨将士分头部署，并派能言善辩的谋臣郦食其、陆贾前往秦营，行施贿赂，伺机劝降。秦将见敌兵遍布山野，一时不明虚实，先已畏惧起来，且又贪恋金钱财帛，情愿倒戈，许诺与刘邦合兵掩袭咸阳。

刘邦得知秦将中计，以其政治家的果决，当即投袂而起，欲与秦兵联合西进。张良却以谋略家的深沉，又向前进谏说："此独其将欲叛，犹恐士卒不从。不如因其懈怠而击之。"刘邦欣然采纳，引兵绕过峣关关，穿越黄山，大破秦军于蓝田。因出其不意，遂能首战告捷，一直推进到灞上（今陕西西安市东），威逼秦都咸阳。

汉元年（公元前 206 年）十月，秦王子婴战守无方，不得不乘着白马、素车，携带皇帝印玺符书，开城出降。偌大秦王朝，一旦走上下坡路，竟崩溃得如此迅速，这不能不为执政者引作前车之鉴。

刘邦在不足一年的时间里，竟然长驱直入，轻取关中，推翻暴秦。这固然因为秦朝的腐朽和项羽等盟军转战河北诸地，牵制了秦军主力，打击了各郡县的地方武装，使刘邦在西进途中未遇强敌。但是，若无文臣武将的强攻智取，特别是张良的正确战略战术的指导。要想顺利地夺关斩将，取得如此神速的胜利是根本不可能的。

》 与知己相遇是幸事

知己是共同谋大事的好帮手。一个人如果没有知己，将会势单力薄，一事无成。

对于张良来说，他能相逢知己，可谓一生幸事，由此他奠定了自己成功的基石。

张良生于战国末期韩国城父（今安徽亳县东南），贵族之后，祖父张开地曾相韩昭侯、韩宣惠王、韩襄王；父张平继之又相韩僖王、韩桓惠王。

秦始皇十七年（公元前 230 年），秦灭韩。其时，张平已死，张良年少未仕，其家仍有童仆百余人，不失为高门大族。旧天堂的毁灭，使他像通常的贵族遗少一样，胸中燃烧着复仇的烈火。他试图行刺秦始皇，来为韩国报仇。然而，为泄一己私愤而横冲直撞，只落得事败身危，却丝毫无改于天下大势。这是历史的必然。但是，无论天道、人事，必然中又伴随着许许多多的偶然。张良于走投无路之时，在下邳巧遇黄石公，便是一种"偶然"给他的命运带来转机，使之学业大进，为日后辅佐帝王打下基础。我们不妨录下这个富有传奇色彩的故事：

一日，张良闲步下邳桥头，见一老人失履桥下，回头呼叫张良："孺子，下取履（鞋）。"张良强忍心中不满，替他取了上来。随后，老人又跷起脚来，命张良给他穿上。对待这个带有侮辱意味的事件，具有不同涵养的人会做出不同反应。起初，张良也曾受潜在的贵族意识驱使，凭着青年人的血气之勇，欲挥拳殴击老者。但是，终因他已久历人间沧桑，饱经漂泊生活的种种磨难，胸怀广远之志，他居然屈下身来，为老人穿上鞋。老人长笑而去，走出里许之地，又返回桥上，赞曰："孺子可教矣。"老人约他五日后的凌晨再在桥头相会。五天后，老者故意提前来到桥上，反而不高兴地责备张良："与老人约，为何误期？五天后再来！"五日后，张良索性于午夜前去等候。其至诚和隐忍精神感动了老者，于是慨然赠他一件无价之宝——《太公兵法》。这位老者就是传说中的奇人：隐身洞穴的高士黄石公，也称"圯上老人"。从此，张良日夜研习兵书，为造就栋梁之材迈出了重要一步。在这个过程中，机遇固然重要，天资也是不可轻视的，而"至诚"、"刻苦"则是必备因素。

10年读书和任侠，使张良广泛接触到社会的方方面面，成为他汲取智慧的源泉，而其所看到的变幻难测的世态人情，又帮助他深深领悟了《太公兵法》的精妙。在这颠沛流离的10年中，旧的贵族偏见有时还限制着他的视野。但是，统治阶级中的明智人物，一旦脱胎换骨，从旧的营垒中冲杀出来，却往往对世界看得特别清楚，其思想也锤炼得更为犀利。

公元前210年，中国历史上又发生了一个重大事件，一代杰出帝王秦始皇暴病而亡。二世胡亥窃位登基。从此，秦王朝的政局急转直下，各种社会矛盾错综复杂地交织在一起。仅历一年，即秦二世元年（公元前209年）七月，政治风波骤起，陈胜、吴广在大泽乡揭竿起义。在革命风暴的裹挟下，形形色色的人物纷纷出现，张良也凭借着这一广阔的社会舞台，得以大展奇才。

　　秦二世二年（公元前208年）正月，景驹在留县自立为楚王，张良率众前往投靠。哪知，途中偶遇沛公刘邦统率千人略地下邳。两人一见倾心，遂称张良为厩将。张良数以《太公兵法》进说刘邦，刘邦每每心领神会，并能虚心采用其策。张良忍不住喟然长叹："沛公似是天授英主，天成其聪颖！"

　　这次不期而遇，又是张良成就一生功业的转折点！在中国古代，虽然有所谓"君择臣，臣亦择君"的名言，但是，由于人们活动范围的狭小和眼光的短浅，选择是受到很大限制的。在相当程度上，一个人的成败要取决于际遇，或者说是"命运"（如果不把"命运"说作神秘主义的注解，便不应直斥为纯粹的唯心论，它可作为"际遇"的代名词）。正由于这种特殊的机遇，使他有幸投靠超凡的政治家刘邦，而不是刚愎自用的项羽，或者是徒有虚名的其他人物。从此，君臣相得，如鱼得水；一个是豁达大度、从谏如流，另一个则是智谋过人、屡献良谋。

≫ 时刻保持头脑清醒

头脑清醒者一定能不为时局和假象所乱，因为他们能够看清问题的真假。张良在危急时刻，不被对手的虚假之招乱了眼睛，所以才化险为夷。

项羽的谋士范增对项羽说："昔日刘邦是个贪财好色之徒。这次入关以后，他却不贪财宝，不近女色，可见他志向不小。务必速取之，勿使良机坐失。"

谁知项羽剑拔弩张要消灭刘邦之事，却惊动了项羽的叔父、张良的好朋友项伯。项伯欲报答张良的救命之恩，坐卧不安，便决定给张良通风报信。

是夜，项伯骑马偷入汉营。他找到了张良，把项羽的计划和范增的主张一五一十地告诉了张良，并劝张良赶快逃离刘邦，不要待在此处等死。

张良头脑冷静，足智多谋。他听了项伯的话，不动声色，平心静气地说："我奉韩王之命，送沛公（刘邦）入关，现在沛公有急，我偷着走人不合义理，理应告知。"项伯听了张良一番入情入理的话，更钦佩其为人，遂答应张良的要求。于是张良马上来到刘邦那里，把项伯的话告诉了他。刘邦听了大吃一惊。

张良问刘邦："您估计，您的士卒可以抵挡住项羽的大军吗？"

刘邦沉默了一会儿说："实在不能。但是有何计？"

张良说："为今之计，只有靠项伯挽回。请您去告诉项伯，说您不敢背叛项羽。"

刘邦不愧是一代人杰，既善于随机应变，又能伸能屈。他问张良："你跟项伯有交情吗？"张良告知旧事。

刘邦又问："你跟项伯谁大一些？"

张良说："项伯比我大。"

刘邦说："那就把他请来，我以兄长待之。"

于是张良出来，去请项伯，劝他无论如何去见一见刘邦。项伯本来无此议程，只想把张良带走，但难但却情面，只好随张良一起去见刘邦。

刘邦见项伯到来，像见到老相识一样，设宴款待。他先尊项伯为兄长，与他结为婚姻之好，然后委婉陈辞说："我入关以后，清查了户口，封存了府库，一点不敢私取，只等项将军的到来。我之所以派兵守函谷关，主要是为了不让盗贼乱兵出入，以防不测。我拿下咸阳以后，日日夜夜盼望项将军到来，以便移交，哪能谋反呢？还是请您把这些情况如实告诉项羽。"刘邦的一番巧舌争辩，项伯竟信以为真，满口答应刘邦的要求，并对刘邦说："明日一早，您务必亲自去向项羽说明，表示歉意。"刘邦只好同意了。

项伯回营将刘邦之言尽禀项羽，并说："如果不是刘邦先攻入关中，你怎么能这么快就入关呢？人家现在立了大功，你不但不赏，反而要进攻人家，这是多么不义呀！你应该乘机好好招待他才对。"项羽本来就是一个四肢发达、头脑简单之人，项伯的一番说辞，他听了觉得甚对。为进一步验证，他决定明日刘邦来营之后，当面责问，再做决定。

次日清晨，刘邦带领张良、樊哙和百余骑兵来到鸿门，见面之后，刘邦开门见山，单刀直入，向项羽赔罪说："我和将军勠力攻秦，您横扫黄河以北，我转战黄河以南。未料我竟然能首先攻入关中，推翻暴虐的秦朝，在这里跟您重逢。我们兄弟相会，这本来是一件大喜事。不料如今竟有小人从中挑拨离间，使我们之间发生误会。"刘邦这话说得有理有节，依据先前怀王所定，刘邦进关也是名正言顺，并无非分之处，相反项羽倒有违约之嫌。这"小人"二字，自然转骂到项羽头上。项羽却并不具备一般政治家强词夺理的气质，又无随机应变的才干，一时窘迫，竟露出底牌，脱口说道："这是沛公的左司马曹无伤对我讲的，说你欲王关中，令子婴为相。不然，我怎能如此。"

于是项羽请刘邦赴宴。席间，范增多次向项羽使眼色，并屡次举起佩带的玉玦向项羽示意，要他下决心杀掉刘邦。可是项羽毫无反应，依旧饮酒。张良对席间局面了然于胸，暗思对策。

范增见项羽无意杀掉刘邦，又不愿失去大好时机，就离开宴席，叫来大将项庄，授意他去舞剑助兴，伺机击杀沛公。于是项庄按范增的吩咐在宴席上舞起剑来。然而这个用意又被项伯看穿了，他也拔剑起舞，并用身体时时掩护刘邦，使项庄无法下手。

刘邦知道此地不可久留，正可借机脱身，便向项羽说道："大王，我去茅厕方便一下。"

项羽已有几分醉意，也不多想，便摆了摆手。刘邦即离开宴席。张良、樊哙跟着出来。樊哙对刘邦轻声说："马已备好，请沛公快点离开此地。"

刘邦说："不辞而别，如此合适吗？"

张良说："大行不顾细节，大礼不辞小让。如今人方为刀俎（菜刀和砧板），我为鱼肉，随时有被宰的危险，怎么还顾得上告辞。"

刘邦又说："我这一走，你怎么向项羽交代？"

张良说："您只管与樊哙脱身，我自有良策。"

于是，刘邦由樊哙等人护驾，抄小道，轻骑简从，向灞上狂奔而去，留下张良与项羽等人虚与委蛇。

几天以后，项羽带领人马向西进发，屠了咸阳城，杀了子婴，放火烧毁了秦朝的宫室，包括绵延300多里的阿房宫在内，大火三月不灭。并把秦宫的财物美女劫掠一空，富丽堂皇的咸阳城一下子变得满目苍凉，成为一片废墟。关中百姓目睹项羽的所作所为，愈加仇视项羽，拥护刘邦。

是时，韩生向项羽建议说，关中地区乃天府之国，左有淆山函谷之天险，右有陇蜀山脉之屏障，上有千里草原可以放牧，下有肥沃土地可以取粟。海内无事，可经黄河、渭水将关东物资源源输入；天下有变，可乘舟而下，兵击四方。如果在此建都，霸业可成。

但项羽见咸阳宫室被大火烧得破败不堪，又思念家乡，不同意在关中建都。他说："富贵不还乡，如衣锦夜行，谁能知道呢？"弄得韩生哭笑不得。后来韩生对人说："人们都说楚人是沐猴而冠，果真如此。"意思是说项羽徒具人形而没有人的思想。有人将韩生的话报告了项羽，项羽暴跳如雷，立刻命人把韩生烹死了。

项羽又派人去见楚怀王，要求更改以前的盟约。但是楚怀王不同意。项羽非常生气，下令把他迁往江南，建都郴县（今湖南郴县）。表面上仍尊称他为"义帝"，实际上却削除了他的权力。为了报复楚怀王，项羽还把怀王的土地分封给了诸侯。

》 把退身之道摆在首位

善于退身是隐蔽自我的一种方略。历史上这样的成功个案为数不少。张良则为其一，他不居功自傲，而是把退身摆在首位，可谓安身有道。

汉朝建立后，由于统治阶级内部争权夺利的斗争日益尖锐和激化，貌似妇人的张良又体弱多病，入关后身体越来越不好，所以他干脆"视功名于物外，置荣利于不顾。"闭门谢客，深居简出，采取明哲保身，功成身退的超然态度，成天在家颐养身体，修仙学道。他追随刘邦多年，明了其为人：只可与之共患难，而不可与之共荣华。他经常对人说："我家世代相韩，韩国被灭掉后，我不惜花费万金家财，为韩国报仇。刺杀秦始皇一事使天下震动。现在我以三寸不烂之舌辅佐皇帝，被封为万户侯，作为一个普通人，这已经是登峰造极了，我张良心满意足。我情愿摒弃人间之事，跟着仙人赤松子去游历天下。"

张良假托神道，实在用心良苦。对此，宋代大史学家司马光评论说："夫人生之有死，犹如天有昼夜一样，是自然而然，不可抗拒的。自古及今，尚无一人能够超然这一规律而独存于世的。以子房之明辨达理，当然知道神仙之虚妄不实，然其明知如此却要从赤松子游历天下，足见其聪明机智。人臣最难处理之事即为对功名的态度。汉高祖所称道的三杰之中，淮阴侯韩信被诛，丞相萧何入狱，他们难道不是因为功高而不知停步吗!? 因此子房托于神仙，遗弃人间，超脱世外，把功名看作身外之物，置荣华富贵于不顾。所谓'明哲保身'者，正是张子房焉!"

公元前 197 年，皇室内部发生了戚夫人争宠夺嫡的事件。刘邦原先立了吕后的儿子刘盈为太子。后来吕后常常留守长安，而戚夫人则与刘邦形影不离，深受宠爱。时间一长，戚夫人经常向刘邦哭诉，请求废掉刘盈，改立自己生的赵王如意为太子。另一方面，刘邦对太子刘盈也不怎么喜欢，经常说："如意类我"，太子刘盈"仁弱"，"不类我"。于是刘邦便想废掉刘盈，改立如意为太子。尽管许多大臣竭力谏争，刘邦一直不肯改变主意。

在吕后无计可施的时候，有人对她说，张良足智多谋，又很受信任，何不向他请教，问他有什么办法。吕后一听，顿悟，遂让她哥哥、建成侯吕释之去找张良。

张良虽然超脱世外，不想多管闲事，但又奈不过吕释之的苦苦哀求，无奈接见了他。

吕释之对张良说："您是陛下的谋臣，现在陛下要废掉太子，您怎么可以放手不管呢？"

张良说："以前陛下打天下的时候，经常处在困厄之中，所以才肯听我的话；现在天下平定，陛下从恩爱出发，想另立太子，这是他们骨肉之间的事情，纵有一百个张良也没有用处!"

吕释之执意要张良出谋划策。张良见实在推脱不过，就说："此事非言语所能动。现在有四个老人，很受皇上尊重，但因皇上对人傲慢无礼，所以他们宁愿躲在深山，也不愿意为朝廷出力。皇上很器重这四个人，若太子刘盈能设法把他们请来做自己的门客，常常带领他们出入朝廷，有意让皇上看见，让他知道'商山四皓'在辅佐太子。这样对巩固太子的地位是很有帮助的。"

吕后遵照张良的吩咐，派人带着太子的亲笔信和丰厚的礼物，把这四个老人接了过来。

公元前196年，黥布谋反，当时刘邦正在生病，就准备让太子刘盈率领军队前去平叛。这四个老人一眼就看穿了刘邦的真实意图，于是向吕释之说："让太子去率军平叛，即使有了战功，地位也不会再高过太子。如果无功而返，就会因此遭祸，失去太子的地位。并且随同太子出征的这些将领，都是曾经和皇帝一起平定天下的猛将。现在让太子去统率他们，就比如让一只驯服的绵羊去统率一群恶狼，他们不会为太子效命的，因此也很难建立战功。"他们建议吕后赶快向刘邦哭诉求情，就说如果让太子去率领军队平叛，黥布知道后，定会无惧而西攻；皇上虽然有病，但是如果御驾亲征，将领们就不敢不尽力。

吕后果然去找刘邦，刘邦听了，非常不高兴地说："我早就知道这小子不堪重任，还是老子亲自出马吧！"

刘邦率军出发时，群臣都到灞上送行。张良也强支病体，勉强起来去送行。他对刘邦说："我本该跟随陛下前往，无奈病得太厉害了。楚人剽悍勇猛，请皇上勿与之争锋。"张良还建议，让太子刘盈为将军，监护关中的军队。刘邦同意了，就让张良辅佐太子。其时叔孙通是太子太傅，张良就做了太子少傅。

刘邦亲征前曾召集诸将商议。滕公夏侯婴推荐原楚国令尹薛公为刘邦出谋划策。薛公对刘邦说："黥布造反，有上、中、下三计。东取吴，西取楚，并齐取鲁，威胁燕赵，使山东诸侯都反对汉朝，这是上计。东取吴，西取楚，一路向西夺取以前韩、魏之地，据有敖仓之粟，堵塞成皋的关口,这是中计。东取吴,西取下蔡,与南越结盟,向南靠近长沙,这是下策。"薛公又对刘邦分析说:"若黥布取上计,天下就大乱;取中计,胜负难分;取下计则迅速失败。黥布有勇无谋,必取下计。陛下立刻亲征,阻止黥布施行上、中两计。"刘邦依照薛公之计率兵亲征,在气势上占了上风。

刘邦和黥布在甄地会战。两军对垒,主帅披挂上马,刘邦和黥布在阵前对话。刘邦高声责骂:"我封你为淮南王,你为什么造反?"黥布直率地答道:"我也想做皇帝啊!"黥布以臣造反,此言并不能鼓舞士气,倒是激怒了汉兵。刘邦一面斥骂,一面指挥进攻。虽然黥布奋力作战,仍然大败而归。果不出薛公所料,黥布率领一百多残兵败将逃向长沙。长沙王吴臣是黥布的内兄,黥布意欲投奔,结果被长沙王暗中派人杀害了。一代骁将黥布就这样陨落了。

刘邦平定黥布回来,病情更加沉重,更想废立太子。张良劝谏,刘邦不听,张良就称病不问。太傅叔孙通用晋国改立太子,导致晋国数十年的内乱,为天下所取笑,以及秦始皇没有早立太子,结果赵高篡权,诈立胡亥,导致秦国灭亡的经验教训来劝阻刘邦。刘邦见群臣屡次力争,知他们都不愿改立赵王如意,只好对叔孙通说:"算了!我不过是开开玩笑,哪能改立太子呢?"但他内心并未消除此念。

在一次宴会上,太子刘盈侍立一旁,那四个老人跟随在太子左右,年龄都在八十以上,须眉皓齿,衣冠甚伟。刘邦见了,感到惊异,一问才知道他们是东园公、角里先生、绮里季和夏黄公。刘邦大吃一惊,说:"我叫你们,你们不来,总是躲着我。现在你们为什么愿意跟我儿子来往呢?"四人异口同声地说:"皇上一向看不起儒生,经常骂不绝口,我们不愿受人污辱,所以才远远地躲起来。今闻太子仁孝,尊敬贤者,善待儒生，天下谁都想为太子效力，所以我们自愿前来！"刘邦见太子羽翼已成，即使改立赵王如意，恐怕自己死后，帝位未必巩固，这才被迫改变了废嫡立庶的主张。

这场统治阶级内部的政治斗争，尽管轰动朝野，几反几复，但是因为张良的运筹帷幄，终于使吕后和太子刘盈获得了胜利，从而化解了一场可能发生的政治动乱，巩固了汉朝统治，在客观上也有利于时局的安定。

公元前195年（汉十二年）四月，刘邦崩于长乐宫中，太子刘盈继位。公元前189年（惠帝六年），张良去世，谥文成侯，埋葬在谷城山下的黄石岗。

史载张良曾同韩信一同整理过汉时所有各类兵书；唐开元年间设置太公尚父庙，以留侯张良配祭；唐肃宗时又追谥姜太公为武成王，并挑选历代良将十人，称为"十哲"，张良也是其中之一。

纵观张良的一生，他之所以能成为千古良辅，被后世谋臣推崇备至，不仅在于他能运筹帷幄，决胜千里，辅助刘邦创立西汉王朝；还在于他能因时制宜，适可而止，最后，既完成了预期的事业，又在那充满悲剧的封建专制时代里自保，一言以蔽之：功成名就。在秦汉之际的谋臣中，他比陈平深谋远虑，比蒯彻积极务实，比范增气度广阔。他与萧何、韩信并称汉初三杰，但却未像萧何那样蒙受锒铛入狱的羞辱，也未像韩信那样落得兔死狗烹的下场。他确有大家的风度，可谓智慧的化身。

胆小者都是被自己吓坏的

- 大算指从大局面考虑问题，把每个决定成败的重大事件都想清楚，并具体落实到可行的行动方案中。
- 李渊做事善于从长远考虑问题，能够从眼前想到将来，并设置一个个成功链，此为制胜之道。

》 给大家提供一个做事的平台

你如果给人提供一个做事的平台，就会获得人们的帮助。李渊为人极有心策，他待人接物，不限贵贱，赢得了声誉。他这方面的经验与其观察人事有关。

晋阳起兵既定，在集结豪杰之士、招集兵士、运筹与及时规劝等方面，尤其是在许多事关成败的关键时机，年轻的李世民起到了积极的作用，但晋阳起兵的真正决策者和组织领导者，还是李渊，这是不争的事实。

据《大唐创业起居注》载："帝素怀济世之略，有经纶天下之心，接待人伦，不限贵贱，一面相遇，十数年不忘，山川险要，一览便忆，远近承风，咸思托附。"

在晋阳起兵时，军务、政务繁忙，当李渊恰当、明确地分派好上上下下各级官员的职务责任之后，他便腾出手来，紧张而有条不紊地处理来自各方的事情。

李渊做事的情形是："帝或口陈事绪，手疏意谓，发言折中，下笔当理，非奉进旨，所司莫能裁答。义旗之下，每日千有余人，请赏论勋，告冤申屈，附文希旨，百计千端，来众如云，观者如堵。帝处断如流，尝无凝滞。人人得所，咸尽欢心。皆叹神明，谓为天下主也。""官之大小，并帝自手注，量才叙效，咸得厥宜。口问功能，笔不停辍。所司唯给告身而已。尔后遂为恒式。帝特善书，工而且疾，真草自如，不拘常体，而草迹韶媚可爱。尝一旦注授千许人官。更案遇得好纸，走笔如飞，食顷而讫。得官人等，不敢取告符，乞宝神笔之迹，遂各分所授官名而去。"

从中可以看出，李渊是个思维敏捷，才能出众，办事干练，经验丰富的人才。

然而纵使如此，李世民在劝说和支持起兵方面，起了不可替代的作用。如大业十二年（617 年）十二月李世民在劝李渊抓住时机起兵的第二天，又复劝渊说："今盗贼日繁，遍于天下，大人受诏讨贼，贼可尽乎！要之，终不免罪。且世人皆传李氏当应图谶，故李金才无罪，一朝族灭。大人设能尽贼，则功高不赏，身益危矣！唯日之言，可以救祸，此万全之策也，愿大人勿疑。"

李渊听后叹息说："吾一夕思汝言，亦大有理。今日破家亡躯亦由汝，化家为国亦由汝矣！"这句话表面看来是在埋怨李世民，毋宁说是在夸赞他。总而言之，晋阳起兵，看来主要是李渊起决定权，李世民则起了鼓动作用，当了几乎　半的家。

相似的证明还有：在李世民劝父起兵之前，晋阳宫人裴寂陪伴李渊饮酒，酒酣，裴寂从容地对李渊说："二郎阴养士马，欲举大事，正为寂以宫人侍公，恐事觉未诛，为此急计耳。众情已协，公意如何？"李渊回答说："吾儿诚有此谋，事已如此，当复奈何，正须从之耳。"其实，李渊这是装作不知，因为当他决定叛隋之后，不令他自己"接待人伦，不限贵贱"，而且仍命李建成于河东潜结英俊，李世民于晋阳密招豪友。李建成和李世民"俱秉圣略，倾财赈施，卑身下士，逮手鬻缯博徒，监门厮养，一技可称，一艺可取，与之抗礼，未尝云倦，故得士庶之心，无不至者"。可见，父子三人配合得十分默契与协调一致。

不久，李世民与裴寂趁隋炀帝遣使执李渊、王仁恭到江都去的紧急时机，再一次劝说李渊："今主昏国乱，尽忠无益。偏裨失律，而罪及明公。事已破矣，宜早定计。且晋阳士马精强，宫监蓄积巨万，以兹举事，何患无成！代王幼冲，关中豪杰并起，未知所附，公若鼓行而西，抚而有之，如探囊中之物耳。奈何受单使囚，坐取夷灭乎！"早已心动的李渊深以他们的主张可行，并且秘密部署，就要起兵，只是很快又接到隋炀帝赦免对李渊、王仁恭的制裁，并令各官复原职，由于不能打草惊蛇，李渊行将起兵的计划，也就因而暂缓执行了。

其实早在大业九年，李渊在思想上就已蓄谋反隋，可是为什么却长期迁延不发，一直到大业十三年五月才正式举兵呢？

原因之一是：时机尚未成熟和准备不足。李渊可算是个有政治经验的老手，对当时由于农民起义和统治集团权势之争所带来局势的发展变化，他始终保持着清醒的认识，对隋王朝所具有的军事力量，他更是了如指掌。个人的处境，家庭的影响，使李渊有处事深远之谋，凡事没有十分的把握，他绝不轻易冒险。

从前车之鉴来看，大业九年杨玄感起兵的失败，不能不对李渊产生深刻的影响。河东、太原都是军事重镇，朝廷在该地及其附近地区均驻有重兵，如若贸然起兵反隋，很有步杨玄感后尘之患。审时度势，窥视机遇，在大业十二年底以前，李渊是不敢有所行动的。

原因之二是：在当时，李渊身边还有隋炀帝杨广的亲信王威、高君雅在时时事事地监视着他，致使他的行动不能不谨慎小心，正缘于此，他从不轻易向人吐露真言。在时机不到、准备不周的情况下，虽然有包括李世民、裴寂在内的许多人建议他起兵，他都装作不以为然的神态，借故言他，加以拒绝，甚或怒形于色，摆出欲加问罪的架势。

原因之三是：李渊毕竟是杨隋王朝的世臣，又是亲戚，受爵禄于朝廷，加上封建纲常思想的影响，在他的头脑里，不可能没有很深很浓厚的君臣礼教观念。在这种正统观念支配下，要他终生背负"叛主"的罪名，起兵反抗，自然就很难轻易地遽作决断，因而对这个重要问题的考虑就特别多、特别慎重，这也是情理之中的事。

由此我们不难想见，李渊的打算是等待这样的时机和效果：既达到乘时而起，夺取隋政权的目的，又保持了自己封建贵族官僚的名节，而后一条，又是将来得天下、稳定统治地位、重建封建王朝必不可少的条件。这正是李渊的反隋不同于一般农民起义的表现。

从以上分析不难看出，李渊是个老成持重的贵族官僚，坚忍自持，慎之又慎。据《旧唐书》上载："高祖审独夫（指杨广）之运去，知新主之勃兴，密运雄图，未伸龙跃。"这就使起兵免于草率盲动，避免了杨玄感所遭到的失败，这是血气方刚的李世民所不及的。

诚然，由于李渊的老成持重和行动上的谨慎从事，也确实带来了顾虑重重、行动进展迟缓的缺憾。而这方面的不足，恰恰由他的儿子李世民作了补充——李世民思想单纯，以布衣自居，少有束缚，加上性格上的豁达，见事敏锐，勇于有为，因此敢于超越李渊的意图，放开手脚大胆行动。李渊、李世民父子既相互影响，又相辅相成，配合默契，弥补了起兵组织工作方面的不足和缺陷。

总而言之，李世民在其父亲的支配和影响下，做了大量协助李渊的工作。同时，由于李世民个人的努力，对李渊的决断和整个起兵组织发动，起到了推动作用。

》 巧借他人之力，缓己燃眉之急

做任何事情，都应当巧借他人之力，缓己燃眉之急。这是成功的硬道理。李渊西进关中，除了正面的隋军外，还存在着左侧东都洛阳附近李密的威胁。但他找到一条神秘的借人之道！

李密是西魏人大柱国之一李弼的后裔，袭爵蒲山公，长期受隋朝廷的排挤。曾因参与杨玄感起兵被捕，逃脱后，投奔翟让领导的瓦岗军。在扩大起义军武装，出谋划策连败隋军，击毙隋将张须陀等方面，李密作出了贡献，提高了名望，野心也随之暴露出来。不久之后，他谋害了瓦岗军的农民领袖翟让，窃取了义军的领导权，掌握了全部军队。

此时的瓦岗军，已发展到几十万人，"并齐济间渔猎之手，善用长枪"，而且已获取了隋王朝大批的良马，装备精良，同时又据有了洛阳周围的几个大粮仓，粮饷充足，成为中原地区乃至全国实力最强、影响最大的一支力量。

李密与李渊相比，贵族身份相仿，虽然政治地位不如李渊，但此时的实力却大大超过了李渊，也有西入关中，夺取全国最高封建统治政权的欲望。所以李渊进军关中，顾忌左右的李密是必然的。为此，李渊在进军途中就致书李密，要求联和。李密自恃兵强势盛，便以欲为盟主的身份，派人给李渊送去复信，书信中说："与兄派流虽异，根系本同。

自唯虚薄，为四海英雄共推盟主。所望左提右挈，勠力同心，执子婴于咸阳，殪商辛于牧野，岂不盛哉！"并要求李渊亲率步骑数千到河内，面议并缔结盟约。

李密在信中以盟主自居，力图在政治上先声夺人，居于优势地位，李渊岂能识别不出？但由于形势所迫，不允许他与李密一论高低。当务之急是设法稳住李密，使其牵制东部隋军，对他抢先占据关中，稳固自己的地位，促使国中政治形势发生深刻的变化，都是极为有利的。正像他收到李密书信后笑着所说的那样："密妄自矜大，非折简可致。吾方有事关中，若遽绝之，乃是更生一敌，不如卑辞推奖以骄其志，使为我塞成皋之道，缀东部之兵，我得专意西征。俟关中平定，据险养威，徐观鹬蚌之势以收渔人之功，未为晚也。"

出于此种策略，李渊便毫不犹豫地决定暂时承认李密为盟主。为骄李密之志，故意"卑辞推奖"，令记室温大雅给李密复信说："吾虽庸劣，幸承余绪，出为八使，入典六屯，颠而不扶，通贤所责。所以大会义兵，和亲北狄，共匡天下，志在尊隋。天生烝民，必有司牧，当今为牧，非子而谁！老夫年逾知命，愿不及此。所戴大弟，攀鳞附翼，唯企弟早膺图箓，以宁兆民！宗盟之长，属籍见谷，复封于唐，斯荣足矣。殪商辛于牧野，所不忍言；执子婴于咸阳，未敢闻命。汾晋左右，尚须安揖；盟津之会，未暇卜期。"

在信中，李渊一方面吹捧李密，称他为当今天下救世主；一方面自称年老力衰，将来若能得封于唐，已很满足了。借此来掩盖自己的政治欲望，然后又以安揖汾晋地区为借口，隐蔽自己抢先进入关中的意图，并婉言谢绝去河内郡会盟。这样一封假情假意，并且弦外有音的信，却使"密得书甚喜，以示将佐曰：'唐公见推，天下不足定矣！'自是信使往来不绝"。

　　自此李密专意集中兵力对付隋军和王世充的军事力量,对李渊进军关中完全不闻不问,李渊在策略上又取得了巨大胜利。这不仅为李渊父子进入关中和其后经营关中及四川等地区创造了十分有利的条件,而且,当山东群雄与隋军逐鹿中原时,李渊父子却得以稳居关中,毫无顾忌地扫荡西北地区的割据武装并镇压农民起义军,同时积蓄力量,注视关东鹬蚌相争的势态,以适时收得"渔人之功"。

≫ 看准可以大用的人

看准的人，就要大用特用，这是成功之道。李渊惯于巧妙用计，他在打天下的过程中充分显示了这一点。当然，还必须从李渊说起。晋阳起兵，是开创我国历史上著名的李唐王朝的发端，也是隋末统治阶级和统治集团内部矛盾长期发展的结果。

在起兵之前，李渊就曾说过："当今天下贼盗，十室而九，称帝图王，专城据郡。"正是基于这种形势，他才适欲起兵。实际上，农民起义已为李渊起兵创造了条件。

自从隋炀帝杨广南下江都，带走大批骁勇后，"东都空虚，兵不素练"。这为农民起义军的发展提供了机会。河南地区的瓦岗军乘势打败了河南讨捕大使张须陀，消灭了隋朝在中原地区的主力部队，使"河南诸郡县为之丧气"。这之后，瓦岗军又围困王世充于东都，从而切断了南京和江都的联系。江淮起义军和河北义军，也先后打败了隋右御卫将军陈棱和隋涿郡留守薛世雄，消灭了江淮和河北地区的隋军主力。这样就进一步将隋朝政权肢解和分割，使隋炀帝对全国的政治局面失去了控制。

在这种情况下，李渊父子和隋朝封建统治集团中的许多人一样，为了保护自己的政治经济利益，必然要寻找一条最好的出路。正如我们前面已述及的，在李渊之前已有罗艺、刘武周、薛、梁师都等隋将起兵。统治阶级的分崩离析，进一步促使李渊父子下决心走起兵叛隋的道路。

李渊反隋，也同李渊与炀帝杨广之间原有的潜在矛盾有关。李渊妻子窦氏原是北周皇族，在杨坚篡周建隋时，她就曾痛哭流涕地说："恨我不为男，以救舅氏之难。"大业年间，李渊有骏马数匹，窦氏对李渊说："上（指炀帝）好鹰爱马，公之所知，此堪进御，不可久留，人或言者，必为身累，愿熟思之。"李渊不听，果然受到炀帝杨广的谴责。后窦氏病死，李渊为求自安之计，在不得已间多次搜求鹰犬进贡，不久果然提升为将军。李渊流着泪对儿子们说："我早从汝母之言，居此官久矣。"

在政治局势相对稳定的情况下，由于共同利益的驱使，这种统治阶级内在矛盾不可能激化。况且杨、李两家除君臣关系外，还有一层亲戚关系。李渊一家基本上还是忠于杨隋政权的，隋炀帝杨广对李渊也是基本信任的。在正常情况下，利用这些有利条件，李渊父子完全可以通过建立军功这条道路，实现自家升迁与发展的愿望，而这条道路对他们来说是现实的。

当年，杨坚以宫廷政变的形式夺取北周政权，政权的变易也在李渊的思想深处打下烙印。而当杨玄感起兵反隋以后，统治阶级内部的矛盾在逐渐加剧。

据云："时炀帝多所猜忌，人怀疑惧。"有一次，炀帝杨广召李渊到行宫去见他，恰巧李渊有病而未去谒见。当时李渊甥女王氏在后宫，于是炀帝杨广问王氏说："汝舅何迟？"王氏说舅父有病，炀帝杨广却恶狠狠地说："可得死否？"李渊"闻之益惧，因纵酒沉湎，纳贿以混其迹"。由此可见，炀帝杨广对李渊确有所猜忌。处在这样的政治环境之中，李渊时时有一种自危之感。

　　大业十一年（616年）二月曾发生了这样一件事：右骁卫大将军李浑（字金才），因"其门族强盛"，遭到炀帝杨广的忌恨。恰好有一个方士对杨广说："李氏当为天子。"因而"劝帝尽诛海内凡李姓者"。当时民间又传有一支歌谣《桃李章》："桃李子，皇后绕扬州，宛转花园里。勿浪语，谁道许！"有人将此民谣附会在参加农民起义军的李密身上，而隋炀帝却首先怀疑自己的右骁卫大将军李金才，竟杀了他一家三十余口。在这种气氛里，像李渊这样名望高、兵力强的宿将也不能不感到处境的险恶。

　　大业十一年四月，李渊又任山西河东黜陟讨捕大使，奉命前往镇压农民起义军。他推荐好友夏侯端为副帅，夏侯端却劝他说："天下方乱，能安之者，其在明公。但主上晓察，情多猜忍，切忌诸李，金才既死，明公岂非其次？若早为主，则应天福，不然者，则诛矣。"对于夏侯端的话，李渊深为理解，完全赞同，并促使其下定起兵反隋决心。

　　第二年，即大业十二年（617年），李渊为右骁卫大将军，奉诏为太原道安抚大使，可谓有步李浑（李金才）后尘之象。然而他认为："以太原黎庶，陶唐旧民，奉使安抚，不逾本封，因私喜此行，以为天授。所经之处，亦以宽仁，贤智归心，有如影响。"所谓"天授"之意，指的就是反隋起兵的时机。

　　李渊很清楚当时的形势：各地农民起义军逐渐由分散趋向联合。又有几处地方官员或豪族已树起反隋旗帜，"盗贼遍海内，陷没郡县，（隋炀）帝皆弗之知也。"加之太原是军事重镇，兵源充足，粮饷丰沛，因此，"私喜此行"。为此，他故意把长子建成留在河东，命其"于河东潜结英俊"；而把李世民带到太原，命其"于晋阳密招豪友"。李渊不仅"素怀济世之略，有经纶天下之心"，而且率先垂范地"接待人伦，不限贵贱，一面相遇，十数年不忘。山川冲要，一览便忆。远近承风，咸思托附"。
李建成、李世民兄弟二人也"倾财赈施，卑身下士，逮手鬻缯博徒，监
门厮养，一技可称，一艺可取，与之抗礼，未尝云倦，故得士庶之心，
无不至者"。不拘一格，招贤纳士，这是在为起兵做组织上的准备。

所谓李渊之"得士庶之心"，即反映了河东、晋阳一带地主豪强的
心愿。特别是在李渊升任太原留守以后，晋阳一带的官僚、地主、豪
商，如晋阳令刘文静、鹰扬府司马许世绪以及长孙顺德、刘弘基、崔善
为、唐俭、武士彟、窦琮等，都看到李渊有"四方之志"，纷纷劝说起兵，
清楚地说明李渊到了太原之后，很快就成了众望所归的人物，而密谋起
兵则反映了关陇地主包括河东、晋阳地主的共同意向。这些豪绅们已明
确寄希望于李渊，例如晋阳长姜谟，觉察到李渊的动静，私下里就对自
己的亲信说："隋祚将亡，必有命世大才，以应图箓，唐公有霸王之度，
以吾观之，必为拨乱之主。"于是，"深自结纳"，投靠李渊。

这期间，李渊次子李世民做了大量的工作。他曾数次劝说父亲举起
反隋大旗，以应天意，而李渊却总是认为时机尚未成熟，迟迟不予行动。
李世民正是血气方刚的年龄，哪里有父亲那般的耐心，便去找晋阳令刘
文静商量，如何促使父亲李渊下定造反的决心。刘文静提议去找晋阳宫
监裴寂，让他帮着想办法，宦官裴寂果然献出一计。

几天之后，裴寂请李渊来晋阳杨广的行宫喝酒，酒过三巡之后，谈
到当前朝廷的腐败，裴寂说："可惜我是个文人，不然早叱咤沙场，建
功立业了。"

这几句话，当然说到了李渊的心里，因而他的心情更加矛盾，只是
闷头饮酒，不一会儿就醉醺醺了。宦官裴寂见状，把手一招，过来两位
衣饰华丽的年轻宫女，一左一右坐在李渊身边，热情地向李渊劝酒，两

股香气飘入李渊的鼻孔，不禁更晕晕乎乎了。

李渊的夫人窦氏早已去世，两位侧室又不在身边，所以，李渊控制不住自己，稀里糊涂地就跟两位美人上了床。

午夜时分，李渊一觉醒来，感觉到身边有人，慌忙爬起来看，见是劝酒的两个美女，吓得醒了酒，问她们是什么人。一个女人坐起来说："我们俩都是宫中的贵人，妾身姓尹，她姓……"

听到这儿，李渊傻了眼，宫中贵人乃皇帝嫔妃，这犯的可是死罪呀！他急忙跳下床就往室外逃，正好遇到裴寂。李渊慌慌张张地说："你，你不应该害我啊……"

裴寂却不以为然，笑着说："怎么能说我害你？昨晚酒席宴上，你见了两位贵人，就让人家伴宿，我要阻拦，你居然拔剑威胁我，你让我怎么办？"

李渊摇头否认，但又怀疑：难道真的是自己醉了，做出这私淫宫眷的蠢事来？

当然，这是裴寂和李世民、刘文静为逼他造反所设的一计。

综上所述，不难看出晋阳起兵是李世民促动父亲叛隋，同时又是李渊本人长期酝酿叛隋的必然结果。它最早萌发于大业九年（614年），后因杨玄感起兵的失败，暂时有所收敛。及至大业十一、十二年间，随着形势的急骤变化，李渊很快地就把反隋心愿变为决心，并化为实际的行动了。

长达四年的酝酿过程，远非李渊的个人意志所能完全决定了的。他还必须受隋末阶级矛盾和统治集团内部矛盾发展的制约。正是这种错综复杂的客观形势，把李渊父子推上了尖锐激烈的历史斗争中去，同时由于李世民积极进取，顺应时变，作为父亲李渊行为的促动者，他以年轻之才，巧用拖父下水之计，成功地导演并主演了一场改朝换代的历史活剧。

晋阳起兵的主要策划者，首推李渊。此时，年仅二十岁的李世民，虽然够不上"首谋"人物，但在密谋活动中也起了极其重要的作用。除了李氏父子之外领导起兵的决策集团中还有晋阳令刘文静和晋阳宫监裴寂等。从大业十二年底开始部署，到大业十三年五月正式起兵，在这风云变幻的半年里，李渊、李世民父子集团决策谨慎，很有策略思想与灵活手段。

首先，李氏父子集团善于择取有利时机，"以远祸而徼福"。隋炀帝杨广的本来意图是派李渊守太原，既可利用他镇压农民起义军和抵御突厥，又可防止他步杨玄感的后尘发动兵变，而李渊却乘机握五郡之兵，当四战之地，把太原作为起兵的根据地。

大业十二年（617年）十二月，突厥数寇北边，炀帝杨广命令李渊和抗击突厥，李渊遣高君雅将兵与马邑太守王仁恭并力拒敌，因为王仁恭等违背李渊的指挥，结果战事不利，炀帝杨广诏遣使者执李渊、王仁恭送江都治罪。此时李氏父子间演出了一场别有意趣的戏——李渊忧虑地对李世民说："隋运将尽，吾家继膺符命，不早起兵者，顾尔兄弟未集耳。今遭羑里（今河南省汤阴县境内遗址，周文王被拘之地）之厄，尔昆季须会盟津之师，不可同受孥戮，家破身亡，为英雄笑。"

对于父亲的苦衷，李世民此时是非常理解的，便乘间避开他人，单独地对李渊说："今主上无道，百姓困穷，晋阳城外皆为战场；大人若守小节，小有寇盗，上有严刑，危亡无日。不若顺民心，兴义兵，转祸为福，此天授之时也。"

然而此时由于身边有杨广派来的监军多名，军中情况复杂，李渊仍觉得还不成熟，此时不宜公开叛隋。为了使次子有所收敛，以免坏了大事，他故作惊恐，对儿子很生气地说："你怎么能说这样的话，我现在就把你捆起送到江都里去！"并取过纸笔，装作欲写状子的样子。

李世民见状，却不慌不忙地说："世民观天时人事如此，故敢发言；必欲执告，不敢辞死！"

直到此时，李渊才道出实情："我岂能真的告你，我是要你言语上谨慎些，不可轻易表露出来！"

这一席对话，既能看出年轻的李世民很有见识，善察时变；又能看出李渊也想举兵，只不过更注意隐秘，以防不测的沉着。不久，隋炀帝杨广颁令不再追查，他们"顺民心，兴义兵"的念头又隐伏起来。李氏父子俩，一个远见卓识，一个老谋深算，他们根据自己的智慧，都在十分灵活地应付着时变。

虽然身为太原留守，重兵在握，但李渊要密谋起义，还必须有一支私自掌握的亲兵。大业十三年（618年）初，当获悉隋炀帝的忌杀态度稍有放松时，便指示刘文静假造诏令："发太原、西河、雁门、马邑人年二十已（以）上五十已（以）下者悉为兵，期以岁暮集涿郡，将伐辽东。"于是，"人情大扰，思乱者益众。"打着皇帝的合法旗号，名为"伐辽东"，实为鼓动人心。

到了二月，马邑人刘武周起兵，杀了马邑太守王仁恭，三月又引突厥兵逼太原。这时，李世民又提醒父亲说："大人为留守，而盗贼窃据离宫，不早建大计，祸今至矣！"李渊心中自知，他以讨伐刘武周为辞，召集诸将佐商议，实际是为自行募兵寻求合法根据。在他反复陈述威吓之下，原负有监视李渊行动使命的副留守王威和高君雅，迫于非常形势，只好有条件地同意说："公地兼亲贤，同国休戚，若俟奏报，岂及事机；

要在平贼，专之可也。"

王威的意思是若出于与隋王朝一心，对付刘武周而不是图谋不轨，可以招兵。李渊明明听出这层意思，还佯作不得已而从之的姿态，说："然则先当集兵。"便以合法的名义，放手让李世民及其亲信刘文静、长孙顺德、刘弘基等人，公开招募新兵，"远近赴集，旬日间近万人"。

这招募新兵对李氏父子事业来说，具有非同寻常的意义。这支队伍成了李渊、李世民父子的私家军，是晋阳起兵的主力军。当心腹之军筹建起来之后，李渊就派遣使者到河东与长安，召李建成、李元吉以及女婿柴绍等急赴太原，同时又派李思行到京城"观觇动静，及还，具论机变，深称旨"。意思是及时掌握情况，把握时机，以便恰当地作出起兵的抉择。

李渊之所以教诲李世民谨慎从事是有其道理的，尽管已十分谨慎了，但仍然难免露出破绽。这正是"要想人不知，除非己莫为"。李氏父子加快军事部署的步伐，副留守王威和高君雅从中仍然看出了李渊的异态，便暗中策划晋祠祈雨大会。晋祠位于今太原市西南二十五公里的悬瓮山下，是北齐天保年间为晋国开国君主唐叔虞而建。王威、高君雅想把李渊诱骗至此地，加以杀害。然而，却被经常出入于王、高家的晋阳乡长刘世龙探得此机密，及时地报告给了李渊父子。李氏父子与刘文静磋商后，决定先发制人。

五月癸亥夜，李世民伏兵于晋阳宫城外，严密封锁。次日凌晨，李渊和王威、高君雅等在晋阳宫同坐视事，刘文静引来开阳府司马刘政会入立庭中，声称"有密状"。李渊故意叫王威先看，开阳府司马刘政会却不给，大声说道："所告乃副留守事，唯唐公得视之。"李渊故做惊疑地说："岂有此事！"并接过密状，上写："威、君雅潜行突厥入寇。"高君雅正想申辩，刘文静一声令下，埋伏在后面的长孙顺德、刘弘基等一跃而起，把王、高二人囚捕起来。

也是天助李氏——事有凑巧，事过两天，果真有突厥数万骑兵入侵太原，李渊命晋阳宫监裴寂等列兵应战。当地民众都以为王威、高君雅确实是引狼入室之人，密状所写属实，李渊趁此机遇，便名正言顺地把他俩杀掉了。这就是历史上的晋阳宫事变，标志着李渊、李世民父子公开起兵的开始。

万事开头难，而当第一步迈出，返回的可能性就很小了。尤其是晋阳起兵是李渊、李世民父子深思熟虑，精心策划，数载酝酿的胜利果实。由于准备充分，师出有名，后面的大道就沿着李氏父子的思路一直延伸下去。

》 让过去的对手为我所用

怎样才能让过去的对手为自己所用，是一门大学问。攻克霍邑后，李氏父子所率的义军乘胜沿汾河直下河东，八月十五日大即抵龙门。九月初十，李渊亲自率兵围攻河东，分遣建成、世民兄弟二人和裴寂引兵各守一面。李渊亲登城东高地，察看形势。但见河东城高峻峭，防守坚固，非轻易可下，便下令暂停攻城。李渊在想：怎样让过去的对手不再成为对手呢？

河东是自古战略要地，关中的门户所在。河东未克，时"三辅豪杰至得是日以千数"。当时李渊欲引兵西入长安，然而却犹豫未决：是围攻河东还是西入长安，在李渊集团内部又发生了军事策略上的第二次分歧。

当时，裴寂主张先解决河东，然后入长安，认为河东守将"屈突通拥大众，凭坚城，吾舍之而去，若进攻长安不克，退为河东所蹑，腹背受敌，此危道也。不若先克河东，然后西上。长安恃通（指屈突通）为援，通败，长安必破矣"。

李世民不赞成这种意见，他认为："兵贵神速，吾挟累胜之威，抚归贤之众，鼓行而西，长安之人望风震骇，智不及谋，勇不及断，取之若振槁叶耳。若淹留自弊于坚城之下，被得成谋修备以待我，坐费日月，众心离沮，则大事去矣。且关中蜂起之将，未有所属，不可不早招怀也。屈突通自守虏耳，不足为虑。"

裴寂的分析有一定的道理，因河东守敌尚有一定的力量。不可以低估，若长安不克，可能陷于腹背受敌的境地。然而相形之下，李世民的用兵更具谋略和胆识。第一，他看到了关中的空虚，若乘其不备，可一举攻克；第二，他主张用兵神速，这样可陷敌于被动。然而其缺点则是轻视了河东守军的力量。在此情况下，李渊综合了两方意见，取长避短，决定留偏师围河东，牵制屈突通的兵力，自己亲率主力西进关中。实际上李渊的战略决策仍以李世民的勇于进攻为主，辅之以裴寂的谨慎。

河西郡县闻李渊将渡河，皆纷纷降附。朝邑法曹靳漠也以薄津、中潬二城降附义军。华阴令李孝常以永丰仓降附义军。京兆诸县亦多遣使请降。九月十二日，李渊率诸军渡河，十六日进入朝邑，往长春宫。关中士民归之者如市。战争进行得如此顺利，使人觉得战争已不再像是战争，而是一种纯粹的招抚行动。

十八日，李渊派遣李建成、刘文静率王长谐等诸军数万人屯永丰仓，守潼关以备东方兵。又派李世民率刘弘基等诸军数万人循渭北。以此二路大军对长安形成包围，这样就使得长安成为一座孤城。此时又有于志宁、颜师古以及李世民妻兄长孙无忌等人，一起谒见李渊于长春宫，三人皆以文学知名，长孙无忌尤有才略，李渊皆礼用之。此后三人皆为李世民所用，为李世民军事和文人集团中不可或缺的人物。

李渊的部署是非常正确的，两路大军对长安的围困甚是得当。在当时，河东隋军守将屈突通闻听李渊引兵西进，便留鹰扬郎将尧君素领河东通守，使其镇守蒲坂，自己则率军还救长安，但为刘文静遏阻。此时隋将刘纲仍在戍守潼关，屯军于都尉南城，屈突通本想与刘纲合兵，而刘纲又为王长谐引兵袭斩，屈突通只好退守北城。

当时，李渊的亲戚在关中起兵者，如其女平阳公主，李渊从弟李神通及李渊女婿段伦，皆于李渊渡河时遣使迎接李渊。李渊于太原起兵时，另一女婿柴绍及平阳公主均在长安。柴绍奉召赴太原，行前对公主说："尊公举兵，今一同前往，则不可能，留此又怕遭祸，则何如？"公主说："你宜速去，我一妇人，容易藏匿。"柴绍遂赴太原。公主即归鄠县别墅，散家财，招引山中亡命，得数百人，起兵以应李渊。李渊的从弟李神通，因李渊起兵而受到牵连，遭隋朝追捕，便潜入鄠县山南，与京师大侠史万宝、河东裴勋、柳崇礼等举兵以应义师。

当时少数民族出身的农民义军首领何潘仁聚众于司竹园，自称总管。平阳公主派遣家童马三宝向何潘仁说明利害，劝其与李神通合力攻鄠县，遂即攻下。当时李神通有众逾万人，自称关中道行军总管，以前乐城长令狐德棻为记室，公主又派马三宝说服起义首领李文仲、向善志、丘师利等，使他们与自己会合，于是公主率军略地周至、武功、始平，皆被其攻取，拥众七万余人，营中号为"娘子军"。左亲尉段伦聚众万余人于蓝田，李渊渡河时，李神通、平阳公主、段伦皆遣使迎接。李渊便以李神通为光禄大夫，段伦为金紫光禄大夫。何潘仁、李仲文、向善志及关中的农民起义势力，都降于李渊，李渊予以慰劳并授以官职，皆受李世民节度。

九月二十二日，李渊又亲赴永丰仓劳军，并开仓赈济饥民。然后移其大将军府于冯翊。此时李世民循渭北，所到之处，吏民及农民军归之如流，至泾阳时已有胜兵九万。平阳公主也率精兵万人与李世民会于渭北，而使力量更加壮大。

隰城尉房玄龄杖策谒于军门，李世民一见如故，便收其为记室参军，引为谋主。房玄龄亦自以为遇到知己，罄竭心力，知无不为。每平一处，众人竞求珍玩，房玄龄先收人物，致之幕府，及有谋臣猛将，皆与之潜相申结，各尽其死力。这样李世民周围就形成了一个智囊团体。

接着，李渊命刘弘基、殷开山分兵西略扶风，南渡渭水，屯长安故城，李世民引兵赴司竹园，李仲文、何潘仁、向善志皆率众从之，屯兵于原秦阿房宫城。此时胜兵已达十三万，军令严整，秋毫无犯。九月二十七日，李世民遣使向其父李渊报告，请会师长安日期。同时，延安、上郡、雕阴皆请降于李渊。

实力发展到这一步，长安城已指日可得。七日后的十月四日，李渊屯兵于春明门西北，诸军已集二十余万人。李渊遂命诸军围城。二十七日开始攻城，至十一月九日，军头雷永志率先登城而入，守城之人分崩，长安遂克。李渊与民"约法为十二条，唯制杀人、劫盗、背军、叛逆者死，余并蠲除之"。废除了炀帝杨广的一切苛法，因而广受拥戴。

马邑郡丞李靖，有文武才略，但他素与李渊有矛盾，李渊入城后俘虏了李靖欲将其斩之，李靖大呼："公举义兵，本为天下除暴，以成大业，何兵挟私怨杀壮士！"李世民也为之求情，得到释放。李世民将李靖召入幕府，后来成为能征善战、出将入相的人物。

李渊率兵攻入长安后，觉得自己当皇帝的时机还不太成熟，便按从前曾说过的拥立代王杨侑为皇帝的承诺，改元为义宁，尊十三岁的杨侑为恭帝，遥尊炀帝杨广为太上皇。在明眼人，也即是当时的政治观察家来看，这实际上是魏晋以来权臣夺权称帝的老办法，是改朝换代的第一步。

从长乐宫入长安，李渊先后以使持节、大都督内外诸军事、尚书令、大丞相，而晋封为唐王。军国机务、文武设官、宪章赏罚的权力皆归相府，并设丞相府官属，以裴寂为长史，刘文静为司马。以建成为唐世子，李世民为京兆尹、秦公，李元吉为齐公。开始了对国家的管理。

攻克长安，炀帝杨广却不在这里。隋炀帝杨广整天沉湎于酒色之中，根本不理朝政，于大业十二年已南下江都，在江都设了一百多个宫室，每宫住着成群美女。杨广带着肖皇后和嫔妃们轮流到各宫去玩，并且大摆酒宴，每天换一个宫，每次宴会有上千名姬妃参加。

为了自己整天吃喝玩乐，杨广把一应朝政大事交给虞世基管理。

这时国家已经很混乱，东都洛阳和西都长安都处于危险之中，坏消息天天传到朝中，杨广听到一些风声，似乎预感到隋朝江山不稳，夜间观星相，预测吉凶，越看越不妙，一次竟突然对肖皇后说："我的脑袋长得很好，不知以后谁能把它砍掉！"肖皇后闻听此言吓了一跳，杨广却不以为然，认为作为一个人，贵贱苦乐的滋味都应尝一尝。

杨广嘴上如此说，实际还是怕有人砍他的头，然而他不仅不去想如何平定中原混乱局势，却想再往南走，迁都至丹阳（今南京），并派人修建丹阳宫。

此时，随着杨广来到江都一年多的禁卫军将士早已思乡情切，想尽快回家探望亲人眷属。但他们却发现杨广不仅不打算回关中，反而要南下丹阳，所以禁卫军将士们都心怀不满。一位叫窦贤的将领率众人潜逃，结果被杨广派兵捉回，全部杀死。这一事件发生以后，另外几个禁卫军将领司马德戡、元礼、裴虔通、宇文化及等人心浮动，于是在一起密谋，一致认为，与其等死，不如谋反，将暴君杨广杀死。

这天，司马德戡在禁卫军中间散布说，皇帝得知大家都想回关中，非常恼怒，备下了毒酒，准备以犒赏禁卫军的名义，将大家全部毒死。

此言一出，迅速传开，禁卫军上上下下的将士便都想造反。司马德戡带头起事，几万禁军当即积极响应，包围了皇宫。当时有人在东城放火，杨广在宫内看到火光，听到了声音，问值班的元礼、裴虔通发生了什么事？两人齐答：草坊起火。

不一会儿，元礼打开宫门，禁军冲进皇宫，宇文化及捉住了炀帝杨广，将其押到前殿，司马德戡和裴虔通各拿一把大刀，站在杨广身旁。

杨广从来没见过这种阵势，战战兢兢地问："你，你们要做什么……我有何罪？"

禁军郎将马文举代表大家列举了杨广的种种罪行，如：违弃亲庙、到处巡游、骚扰百姓、骄奢淫逸、草菅人命、频繁对外征讨，无数兵丁百姓死亡，民穷国贫，盗贼四起，还要迁都丹阳等等……

杨广十二岁的儿子杨杲，在杨广身边大哭，裴虔通挥手一刀，将他杀死，杨广吓得脸色惨白，说："天子不能用锋刃，拿毒酒来吧！"但是，将领们不同意，杨广无奈，要求用绞刑，于是解下身上的丝带交给马文举。两位将领在杨广的脖颈上缠了几圈，然后用力一拽，这个杀父害兄的皇帝，只挣扎了几下，便结束了罪恶的　生。至此，杨广共在位十四年。此时，李渊攻取长安立代王杨侑为恭帝已近两年之久。

在长安听到杨广被杀的消息，李渊似乎有些难过，并且流了泪，毕竟他们是表兄弟。而在实际上，把杨广赶下皇帝宝座，也正是李渊的打算，没料到禁军将领们替他除掉了这个绊脚石。

隋炀帝杨广三月死，五月李渊便自导自演了一出禅让戏，正式登上了皇帝宝座，改国号为唐，建元武德，是为唐高祖。又立李建成为皇太子，封李世民为秦王，李元吉为齐王。

　　纵观李氏父子走向成功的秘诀，人们不难看出，他们的成功在于他们采取了正确的政治和军事策略，而保证这种策略得以顺利执行的关键，是一整套运用自如的人际沟通方略，这才是成功的最根本所在。

肆　细算与全胜

在关键时刻闪开一条道

- 凡做成任何一件事，都要善于变算，不可死守一点，根本不变。"变算"的最大特点在于：因人、因时不同而拿出不同的绝招。
- 赵匡胤最强大的本领在于以变算制服对手，因此他每迈出一步都带有明确的目的性，绝不失算；同时，他还善于留几手，以备他用。

≫ 凡事只以忍好

忍比刀好？刀比忍好？用刀用忍，以不乱谋为上。雍正主张"凡事以忍为好"，这是很好的经验。

在雍正还是皇子时，其父皇康熙告诫他处事要"戒急用忍"，然而，雍正也正是这样去做的。在特定的历史条件下，能够戒急用忍，不妄是匹夫之勇，从某种意义上讲，也是一种奇高的心智。

试举一例：

雍正即位后，并没像历代帝王那样急于将政敌置于死地，而是采取了分化瓦解各个击破的策略，这是经过认真的分析、判断和策划，由当时的历史条件决定的。在当时的情况下，假如雍正急头急脑地实行屠戮政策，不仅会引起政局动荡，而且还有可能激发他的政敌发动政变。

雍正恰恰看清了这一点，他知道在政局还不稳的时候，贸然采取狠辣手段是相当危险的——狗急跳墙，兔急咬人，穷寇莫追，这正是所有能干大事业的人的禁忌之一。

作为一代天骄的雍正自然不会犯这种浅薄的错误。就像他自己所说的那样："朕经历世故多年，所以动心忍性处，实不寻常。"大意即：我经历多见识广，因此才能有超常的忍耐力，这不是一般人可以比拟的。从雍正处理允禩、允禟等人的情况看，他的确做到了这一点，的确是经过了深思熟虑，周密策划和精心安排的。

首先，他考虑到允禩是这个集团的首领，必须先给予宠信，笼络和控制他以防止发生变乱；允禵在朝野上下支持的人较多，性情又强悍，不囚禁不足以制裁；对允禟、允䄉等人的打击，实是以杀鸡儆猴，令其党人产生恐惧心理而有所收敛为目的。对于即位之初，头三脚还未踢开，御座尚未暖热的雍正来说，他需要的是时间，把必然会来的动荡尽可能地后推，等坐稳了江山再说。因此，政敌晚一些生事比早一些要好，越晚他就越有力量，越有主动权。

其次，他对政敌只是拘禁，而不妄加杀戮，是因为他不敢杀。雍正意识到，对手之所以敢于同他或明目张胆地对抗，或背地里给他出难题，就是为了触怒他，使他对其中的一些人做出过分的处置，这样不仅会使他得到一个"凌逼弟辈"的恶名，还可能激起事端，使他们有机可乘。

所以，雍正经常在朝臣面前揭露他们，说他们"任意妄行，惟欲朕将他们治罪，以受不美之名"。还说："廉亲王之意，不过欲触朕之怒，必至杀人，杀戮显著，则众心离失，伊便可以希图侥幸成事。"而说他自己将"断不使伊志得遂"，因而对他们曲加优容。譬如允禵一开始就不买雍正的账，当面加以顶撞；允禟也在他面前傲慢无礼，雍正都能忍则忍，并没有立即治罪。上面说的那一些顾虑，使他对政敌的处置不得不慎重，不敢恣意而行。

更有甚者，就连允禟因"图谋不轨"获罪后，雍正在处理允禟的女儿和外孙时，也是思之再三，决定不下。他原想拆散那母子二人，又恐孩子小，容易夭折，怕自己因此"招许多闲议论"而费尽思量。

由此可见，虽贵为一国之君，有时也是"战战兢兢，如履薄冰的"。即便如此，雍正还是招致许多非议。什么处置允禟是"凌逼弟辈"；什么惩治不法之徒是"公报私怨"等等。

雍正对此简直百口莫辩。在当时情况下，辩也没用，就算雍正说得天花乱坠，也少有信他。于是他做出了一件高明的举措，即：

提升上书要求他"亲骨肉"的孙嘉淦为国子监司正，以示鼓励——提升孙嘉淦，雍正这一招出得之所以高明，就在于他要通过此举，向满朝文武表明，他也是赞成孙嘉淦的意见的，他也想去"亲骨肉"，顾念兄弟亲情。说白了，雍正提升孙嘉淦，就等于是在用自己的行动说：我原本就是顾念兄弟亲情的，以后能不能亲，让不让亲，亲不亲得，那可不由我说了算，就看这拨人的作为了！

雍正采取老虎挂念珠的策略。外示慈悲，内藏机锋又何尝不是一种忍者的智谋呢！

》》生平不为权诈虚语

雍正认为自己一生不为权诈虚语，这是一个一生拥有大权，却对权力厌烦者的心声。

在威权时代，一个政治家的个性因素往往影响着一个国家的政治。

对历代很多弊政，雍正所以能大刀阔斧、行之有效地进行改革，和他性格中的一些长处是分不开的。

雍正聪明好学、处理政务自然明察秋毫，他性格刚毅，处理政务更是能一以贯之，不容一丝折扣。

我们不必讳言，政治是时代的政治，有时也是人的政治，政治家的人格、学识、兴趣，都改变着那个时代的风貌。

比较清明的雍正朝政治，与雍正本人是分不开的。同时，雍正本人的出现，也正说明了当时的传统社会仍有其活力，还可以上升！

雍正的很多政策在今人看来都已成陈迹，而他作为一个大政治家的精神、气质、却将长久地给后来人以启迪。

康熙和乾隆二人性格都是天马行空，爱好出行，四出巡游不绝，康熙曾于隆冬之际还出塞打猎。而雍正则端庄内敛，生活得很严肃。一即位就诏"罢鹰犬之贡"，而宫中所蓄养的珍禽异兽也全令放出，一只都不留，以声示他不事游猎，不但东、南、西的巡幸不搞，连康熙每年举行的北狩也不进行。

雍正极少离开京城。他于元年先后送康熙和仁寿皇太后灵柩去遵化东陵，以后也还去过东陵祭祀，除了这个地方外，雍正即位后哪都没有去过！

所以在民间的印象，康熙、乾隆都是很有风趣的皇帝，并为他们的四出巡游编出了许多丰富精彩的传说，而雍正大帝就始终给人一种深不可测、冰冷坚硬的印象了！

雍正固守京城，可能一方面是经历了残酷的储位斗争后，长期心有余悸，担心一离开都城，就会发生意外。另外，雍正也是中国历史上公认处理政事最积极的皇帝，所以他也实在无暇出行。

雍正不时把他同父亲做比较，自云比父亲更洞悉下情。雍正有自知之明的一方面，办事有主见，不易受到各方的影响，他相信自己政治上成熟，意志坚定，一往直前实施既定的方针。雍正五年，他说："朕年已五十，于事务经练甚多，加以勤于政事，昼夜孜孜，凡是非曲直尚有定见，不致为浮言所动。"

大意是说，我已经是过 50 岁的人了，经历的事情太多了，加上我自己日夜不息，努力处理政事。所以，对于不同事情的种种判断都胸有成竹，不会被各种意见所迷惑。

如此自我赞美，实在少见，不过，雍正较康熙洞悉下情，应是大体不差。

雍正对自己的了解还表现在有较强的自信心上。他相信自己的能力，远远在群臣之上，非一般人可比。

在直隶总督李绂的一份奏折的朱批中，雍正极言自身的见识超过他的臣下。他颇有意思地写道：

"尔自被擢用以来，识见实属平常，观人目力亦甚不及。朕但取尔秉彝之良、直率之性而已，凡聆朕一切训谕，如果倾心感服，将来智虑自当增长扩充……尔诚不及朕远甚，何也？朕经历世故多年，所以动心忍性处实不寻常，若能精白自矢，勉竭同心合德之诚，朕再无不随事训诲玉成汝之理。倘以为能记诵数篇陈文，掇拾几句死册，而怀轻朕之心，恐将来噬脐不及。朕非大言不惭，肆志傲物，徒以威尊凌下之庸主，极当敬而慎之，五内感激，庶永远获益无穷，尔其钦承此谕毋忽。"

要这有文名而又刚直的臣子心悦诚服，雍正不仅仅凭恃帝王的权威，也非不知羞耻地大言不惭，他自信见识远在被教导人之上，自信不是庸愚的人主，能够驾驭群臣，把握局面。

雍正懂得做皇帝的种种难处，他不止一次地讲"为君难"，他说：

如果对弊政不加改革，众人会说皇帝懈于政务，如果真的竭力整顿，又会被人视为执政苛刻扰民太甚。对于言官的意见若不采纳，人们会说我不能受谏，如果因为其言荒谬加以处分的话，人们又会说堵塞言路，真让我左右为难，怎样做才好呢？

雍正因此还铸造了"为君难"的玉玺，以此念念在心。

雍正还知道身在君主宝座上，要保证自己政策正确无误，就要真正充分吸取臣下意见，反对他们的一味揣摩圣意的心理。

雍正说："尔诸臣宜矢公矢慎，共襄盛治，嗣后务宜屏去私心，勿事机巧，凡事只求当理，即合朕意，逢迎之术，断不可用。朕在藩邸，洞悉诸弊，岂有向以为非，至今日而忽以为是耶！"

雍正适时地要求臣下"将向来怠玩积习务须尽改"，以跟上他的思维。

因为雍正对政情、民情极为熟悉，既了解历史，又具有"振数百年颓风"的抱负，才能够提出"雍正改元，政治一新"的奋斗目标，从而进行了一番改革。

英国人濮兰德·白克好司讲到雍正的才智时大加赞美："控御之才，文章之美，亦令人赞扬不止，而批臣下之折，尤有趣味，所降谕旨，洋洋数千言，倚笔立就，事理洞明，可谓非常之才矣。"虽不免有溢美之词，但也确是中肯之言。

雍正元年，京口将军位置缺人，雍正命令李署理，大学士票拟时不小心将张天植拟用为副都统署理京口将军。事后发觉，大学士们自请交吏部处置，雍正借机教导他们要认真办事，并说自己年富力强，可以"代理""大学士所应为之事"。

雍正二年，雍正向朝臣讲：

（朕）仰荷皇考诒谋之重大，夙夜抵惧，不遑寝食，天下几务，无分巨细，务期综理详明。朕非以此博取令名，特以钦承列祖开创鸿基，体仰皇考付托至意，为社稷之重，勤劳罔懈耳。

雍正自感责任重大，加上刚刚即位对臣僚不熟悉，更需要勤政治理。

雍正五年，雍正把他比较欣赏的疆吏朱纲任用为云南巡抚，在朱纲赴任时，雍正同他做了推心置腹的长谈，雍正说：

我刚刚登基的时候，各位大臣大多没有见过面，我花了不少的时间去鉴别这当中谁是可用的人才，因此每天都努力办事至深夜，中间没有任何休息。一心以天下大计为重，连身体亦不爱惜。

雍正处理朝政的习惯，大体上是白天同臣下接触，议决和实施政事，晚上批览奏章。可谓是夜以继日，孜孜不倦。年年如此，从不间断。

晚间，也是雍正最繁忙的时刻，往往批览奏章到半夜三更，劳心费力，搞得自己精力疲敝。雍正的勤于理事，不仅是由执政初期，许多政事理不过来的形势决定的。更重要的是，他健全了康熙时代就开始的奏折制度，事无巨细，皆自己办理。

同时雍正又创设军机处，大权独揽，权力高度集中。众大臣作用式微，仅充当"幕僚"角色，雍正自己身兼国家元首和行政首脑两重职务，事务自然更加繁忙。

从雍正作于雍正六年的《夏日勤政殿观新月作》，不难看到一位勤政皇帝的日常写照：

> 勉思解愠鼓虞琴，殿壁书悬大宝箴。
> 独览万机凭溽暑，难抛一寸是光阴。
> 丝纶日注临轩语，禾黍常期击壤吟。
> 恰好碧天新吐月，半轮为启戒盈心。

另外，雍正还作有一首《暮春有感》，同样表达其执政之艰辛：

> 虚窗帘卷曙光新，柳絮榆钱又暮春。
> 听政每忘花月好，对时惟望雨赐匀。
> 宵衣旰食非干誉，夕惕朝乾自体仁。
> 风纪分颁虽七度，民风深愧未能淳。

由于时时小心谨慎，不敢怠惰，虽然天气节令变化很大，自己无心也无暇欣赏暮春花木盛景，倒还对民风未能教化淳朴而深感不安。

》 不为过头事，不存不足心

雍正认为他的一生没有做过过头的事，没有存过不良之心，这取决于他修身养性的作用。

在中国封建社会的历史上，做皇帝的总是嫔妃成群的，汉朝皇帝嫔妃最盛，汉元帝嫔妃多得不能挨个儿看过来，只好叫画工把人画下来，拣俊的召幸。整个封建社会里，嫔妃最少的就一个隋朝开国皇帝隋文帝杨坚，只有孤独皇后一人。隋文帝曾说："前世天子多后宫嫔妃，皇子多有，嫡庶分争，以至于亡国。朕旁无姬侍，五子同母。"封建社会的皇帝不立皇后的很少，唐朝玄宗皇帝自皇后去世后没再立皇后，嫔妃也少，只宠杨玉环一人。

然而，雍正作为一个皇帝，并没有三宫六院七十二妃，他共有八个后妃，嫡妻那拉氏：原步军统领费扬古之女，康熙时册封为雍亲王妃。雍正即位，立为皇后，雍正九年九月病死，谥为孝敬皇后；李氏：雍正为皇子时为侧福晋（偏房妻子），雍正即位后被封为齐妃；钮祜禄氏：康熙四十四年入雍正贝勒府，为格格，康熙五十八年生弘历（乾隆），雍正即位后封为熹贵妃，乾隆继位后封为皇太后四十余年；耿氏：雍正即位后封裕妃；年氏：年羹尧的妹妹，雍正元年封为贵妃，雍正三年十一月她病危时，雍正加封她为皇贵妃，随即死去；刘氏：初为贵人，雍正即位后封为谦嫔；宋氏：初为格格，后被封为懋嫔；武氏：为宁嫔。

中国夏、商、周三代的礼制规定：天子娶九女，诸侯娶七女，大夫一妻二妾，士一妻一妾。只有庶人匹夫匹妇，不得有妾，实行的是一夫一妻的婚姻制度。雍正皇帝娶八女，按汉族古礼还差一个，在婚姻方面没有学汉族和蒙古族皇帝的陋俗。

中国的社会，自周朝的祖先姜嫄始，规定了国人的婚姻制度，它按女子的生理因素规定女子只准有一个丈夫，使中国的社会走向父系氏族社会，以至于今。但是姜嫄始的婚姻制度不完善，没有规定男人是不是也应只有一个媳妇，致使中国的社会走向了一夫多妻制。以至影响到前不久的社会，二十世纪初叶中国男人尚有多妻者。

孔子说："已矣乎！吾未见好德者如好色者也。"意思是："完了，我从来没有看见过像喜欢美色那样喜欢美德的人。"雍正皇帝不爱色，这可能是他节制得好，起初他热衷于皇位的继承，即位后又热衷于国家的治理，这使得他的生活富有政治色彩，冲淡了他的浪漫色调和色欲。

孔子说："食色，性也。"意思是说，贪色，是人的本性使然。其实中国历朝的皇帝大多爱色。隋朝的隋文帝爱色。《资治通鉴》上讲：孤独皇后生性妒忌，后宫的妃嫔都不敢进御侍夜。北周尉迟迥的孙女长得非常漂亮，被选入宫中，隋文帝在仁寿宫见到她后非常喜欢，她因此得到了文帝的宠幸。孤独皇后趁隋文帝坐朝听政的时候，就暗中派人杀害了她。为此，隋文帝大为愤怒，单骑从皇宫后苑出门，也不走正路，一直跑入了山谷中二十余里远的地方。

关于雍正，有个叫燕北老人的在他的书中写道："世宗（雍正）肃俭勤学，靡有声色侍御之好，福晋（雍正嫡妻那拉氏）别居，进见有时，会夏被时疾，御者多不乐往，孝圣（乾隆生母）奉妃命，旦夕服事唯谨，连五六旬，疾不愈，遂得留侍，生高宗（乾隆）焉"。大意是说雍正当皇子时为人持重，勤奋好学，但不大热心于男女之事。他的正妻单独住在一处房子里，不经召见是不能和他在一起住的；雍正夏天时生了病，其他人不乐意（或不敢）去服侍他。那时钮祜禄氏还是个格格，奉福晋（当时已被康熙帝册封为雍亲王妃）的命令一天到晚谨慎地伺候了一两个月之久，病还没有好，于是就干脆住下来伺候雍正，这样才怀上了弘历（乾隆皇帝）。这样一来，钮祜禄氏也就有了多接触雍亲王的机会，怀孕也就合情合理，并因怀孕生子而改变了地位，由格格变成了贵妃。

此事说明了雍正生活上不好声色。中国的历史上的皇帝，极少有不好声色的，雍正可算得首屈一指的不爱好声色的皇帝。

雍正大帝执政十三年，是他人生心智的集中体现——非常注重自我修养的丈夫气概、注重办事的实际效应、强调要有自我悔过的意识、要求勤学多问、希望能以民为本、告诫官吏不要用权力去贪图虚名，这些都是雍正所具备的基本品质。实际上，我们应该从雍正大帝的心智中得到以下体会：

不是因为你有了官位，就不平庸；相反，正是因为你有了官位而无业绩，才更显得平庸。百姓平庸是正常的，而官人平庸则是异常的。雍正把一生的目标放在"培养"两字上，养成了一种开阔的心态和气量，令朝臣折服不已。

》若非深知灼见，不可草率实行

见解有深有浅，但都是思考的结果。雍正认为："若非深知灼见，不可草率举行"，则是要求凡是做事都应深思熟虑，而不应草率为之。人生就是一个深知灼见的过程。

在雍正步步取得康熙信任的同时，自以为是的八阿哥却频频碰壁。为什么会这样呢？

八阿哥允禩的确有其过人之处。他不但结交了朝中一大部分文武官员，而且还与九阿哥允禟、十四阿哥允禵、大阿哥允禔等人结成了死党，表面上他这一帮人气势虽大，但骨子里却犯了一个最大的错误。

俗话说："物极必反。"允禩等人的拉帮结伙，积极营求储位，恰恰是康熙最不能容忍的。特别是在废太子事件后，康熙已清醒地看到了皇子拉帮结派所产生的恶果，就更不能容忍允禩等人的活动了，因此，允禩的营求储位恰好犯了康熙的大忌。

然而，允禩当时却没看透康熙的心思。当他因谋害太子被康熙以"知情不报，妄蓄大忌"而革去爵位之后，却仍不知收敛。

当年十一月十四日，康熙召见满朝文武，称：

"朕躬近来虽照常安适，但渐觉虚弱。人生难料，托付无人，倘有不虞，朕此基业非朕所建立，关系甚大。因踌躇无代朕听理之人，遂至心气不宁，精神恍惚……尔等皆朕所信任，荐擢大臣，行阵之间，尔等尚能听命，今令伊等与满汉大臣等会同详议，于诸阿哥中举奏一人。大阿哥所行甚谬，虐戾不堪，此外，于诸阿哥中众议属准，朕即从之。若议时互相瞻顾，别有探听，俱属不可。"

很明显，当时的康熙自觉年老体衰，想重新再立一个太子，他要求这些大臣客观公正地推举一个皇位的继承人，并指出大阿哥行事乖谬，暴戾成性，不在考虑之内。同时，由于康熙明白马齐是允禩的亲信，还特别强调："议此事，勿令马齐预之。"这就是说，马齐不要参与推举太子这件事了。很明显，康熙这是在暗示八阿哥允禩也不是合适的皇位继承者。

在这样的情况下，允禩及其党羽非但没有及时收敛，反而变本加厉暗中串联，公然悖逆康熙的指示——

马齐在退出时，恰碰上大学士张玉书。于是他暗示了张玉书推举皇八子允禩的意思。此后，允禩的另外几个死党阿灵阿、鄂伦岱、揆叙、王鸿绪等又私相密议，并与诸大臣暗通稍息，在手心里写"八"字互相传看。

至此，所有的大臣就尽皆公推允禩为皇太子了。

康熙看到众人皆推举允禩，当时非常震惊，他没想到在太子允礽之外，八阿哥允禩居然有这么庞大的势力。而皇子结党，必然会对他的皇权造成威胁。这样，康熙就更不能立允禩为太子了。

问题到这已基本解决，原来是允禩的营求储位恰犯了康熙的大忌，这怎能不招致康熙的抵触情绪。

而雍正此时却表现出一副与世无争的样子，终日里大谈禅定虚无。其实他们哪会明白这是雍正"韬光养晦，谋略天下"的心智呀！

康熙四十八年三月，允礽复立，胤禛晋封为亲王。从这次斗争中，胤禛发现储位虽贵，但不是可以硬抢的，因为父皇康熙过于精明，稍有风吹草动，必会疑心大起。允禔和允禩的教训深刻。

既然不能霸王硬上弓，那只有攻心为上。所以在允礽又当太子的那一段时间里，胤禛主要的策略是以退为进，韬光养晦。

受封亲王的时候，胤禛就向康熙禀奏说，我现在的爵位已经很高，现在又封亲王，可是弟弟允禑、允禵他们都还只是个贝子，大家都是兄弟，这样厚此薄彼，恐怕会有人说闲话。还是请父皇降低我的爵位和赏赐，分给兄弟们，以提高他们的地位，我的心里会好受一些。

康熙本来为了储位的事情正弄得他焦头烂额，差点气死，后来大病一场，还是见这些不孝的儿子们明争暗抢，没有一点团结精神，心里正不是滋味，胤禛这番话，就像大热天喝了碗凉开水，别提有多舒服了。所以不但没降他的爵位，还表扬了他一番。

在此期间，胤禛还写了不少充满闲情逸致的诗。一首名为《园居》的诗写道：

> 懒问沉浮事，间娱花柳朝。
> 吴儿掉风曲，越女按鸾箫。
> 道许山僧访，暮将野叟招。
> 漆园非所慕，适志即逍遥。

还有一首名为《山居偶成》的诗写道：

> 山居且喜远纷华，俯仰乾坤野兴赊。

千载勋名身外影，百年荣辱镜中花。

全蹲潦倒春将暮，蕙径葳蕤日又斜。

闻道五湖烟景好，何缘蓑笠钓汀沙。

一派平和安详、看破红尘、乐天知命的语气，哪里有几个兄弟那种蠢蠢欲动，谋蓄大志的味道？！"唯夫不争，天下莫能与之争"。

胤禛的这套韬光养晦之术，不但麻痹了康熙，同时还避免了其他皇子的攻击诋毁，使他成为最后的黑马。

不过，超脱可以用为一种形象，或是作为一种修心之术，如果真的一味完全超脱，那胤禛就成不了雍正了。

权力之争一向讲实力原则的。要扩大自己的势力，就需要栽培自己人，在中央和地方都安插自己的心腹和党羽。所以，在允礽第二次被废之后，长期没有太子，更多的皇子加入储位的竞争中来时，胤禛也不是无动于衷。

现有的史料中保留有一封胤禛的亲信戴铎于康熙五十二年写给胤禛的信，信中实际上已经披露了胤禛的野心和策略。

戴铎写道：

当不当皇太子，对于主子和奴才们关系特别重要，这可是关系到终生荣华富贵还是屈居人下的重大问题，何况现在的储位之争正是关键的时候，绝对不可轻视。因此奴才要向主子进献浅薄的意见。这些话可能不应当说；说了可能犯死罪，但是奴才还是要冒死进上几句话。

当今康熙皇帝是天生的圣明君主，各位皇子在储位空悬的情况下，明争暗斗，互不相让，为的就是谋求储位。局外人议论这种形式，认为皇子与平庸的父皇容易相处，同英明的皇帝则很难把握好关系；兄弟少，关系也就简单，相互间容易欢洽，如果兄弟众多，关系就复杂了，处理起来也颇为麻烦。

为什么呢？在英明的父皇面前，不表现自己的才华吧，恐怕父皇会认为这个儿子是蠢材，不中用，弃置一边；努力表现自己的才华吧，又怕精明的父皇可能对他产生猜忌，说他有野心。这就使得做皇子的人不知道该如何是好。兄弟多，个人的秉性就不同，爱好也各异，这个在这方面获得了什么，那个在别的方面就要争个长短，使你不知道身处其中该如何周旋。奴才认为最关键的事是要用孝敬的态度敬事父兄，以诚恳的态度对待别人，还要用忍让的态度宽容他人的过失。

如果能把这些都做到了，父子兄弟的关系没有处理不好的。主子您天生的懂得仁孝，在皇帝那里没有一点不是的地方，对各位兄弟，也应当用高深的修养和博大的气度宽容他们，让有才能的人嫉妒不起来，让无才能的人紧紧依靠着自己。以前废太子还没出事的时候，臣下中就有议论说这个人一旦做了皇帝就会把皇族的人杀个干净。这虽然是流言蜚语，但是废太子的事未必不受这种舆论的负面影响，因此决不要图一时的痛快发泄情绪，忘了可能带来的终身大祸。

所有在主子周围的人，奴才请求主子都要破格给以优待。一句赞扬的话，被歌颂的人未必因此得福，但是一句诋毁的话，就可能使人遭祸。主子一贯敬老尊贤，老早就被人称赞了，但请主子更加时刻留意，就是那些地位一般的汉人官僚、太监、侍卫、主子在同他们见面时，也要给他们多讲几句应酬的闲话，夸奖他们几句，其实主子也不用给他们金银绸缎当赏赐。就这么几句话，他们就会感激不尽，逢人讲您的好话。

这样，贤明的王爷的名声就会越传越远，别的皇子们就谁也赶不上主子您了。

至于政府机关里的一些小事情，似乎用不着多管，免得分散精力，弄不好还招来不利于您的议论。

古人说：打天下的人不掳掠妇女儿童金玉布帛，得天下就像翻手掌那么容易。主子的气量远大，自然不会在乎这些小利。因为谋财会受到舆论的指责，给自己找来麻烦。

说到人才，咱们王府中就有这种人。但是金玉藏在匣子里，珍珠沉在海底，没有表现出他们的价值。最近主子发话，允许府里的人借银子捐官做，大家因而认识到主子提拔的美意。恳求主子进一步培养门下的奴才，对于还不太认识的下人，亲自面试提拔。

借着主子的声望，大伙一定更加努力上进，虽然不一定人人都能飞黄腾达，就是仅有两三个人的出现，也会成为主子的助力。

以上几条建议，希望主子采纳。奴才受主子隆恩，每天日夜为主子焚香祷告。主子根基深厚，学问渊博，哪件事不知道，哪件事不清楚？奴才这些浅薄的见解是多嘴了。只因为奴才要去湖广办事，来回要耽搁不少时间，所以向主子禀报这些意见。因为现在是储位之争的紧要关头，实在马虎大意不得。否则，稍微有一点懈怠，恐怕会出现别的皇子率先获得储位的情况。再说，主子的才华、聪明、品德、学问哪样不比别人高出千万倍？倘若有人因此嫉妒您，使出坏来，主子想不参加夺储的竞争恐怕也不可能了，到时候后悔可就来不及了。

胤禛回信：

你的话真是金玉良言，说得非常及时重要，但是对我来说全然没有用处。我如果有争储位的心思，绝对不会像现在这样行事做人。何况就是做了储君，也是异常艰难苦恼的事情，我想躲还躲不及呢！哪里有心思去争取它？至于说这是关系到个人是做君上还是做臣下的问题，我觉得这其实不必太计较。你尽管放心，像你这样说的话，以后万万不可再有了，要谨慎，一定要谨慎！

戴铎的信既分析了当前的形势，又提出了具体的策略和办法。主要可以概括为四条：

一、攻心战，争取康熙的宠爱，这就要既不能过于露骨，也不能显得笨拙，适当地表现自己的德和才，让康熙信任。

二、要妥善处理好兄弟之间的关系，不要像废太子允礽那样骄横霸道，引起公愤。

三、联络百官，不分满汉，争取舆论支持。

四、大力培植府邸中的人才，让他们充实到各个重要岗位上，为将来做准备。

而胤禛无疑基本认同戴铎所说，但他认为应当站在一个更高的角度来看待这个问题，所有的策略应该是不留痕迹，仿佛是出于无心的。

其实胤禛在多年经营下，到康熙末年，已经形成了一个自己的小集团。其主要成员有：

年羹尧，汉军旗人，康熙十八年生，三十九年进士，康熙四十八年出任四川巡抚，年仅30岁，五十七年升任四川总督，康熙末年又升任川陕总督，深受康熙信任，更是胤禛的心腹，因为年家原本就是胤禛的藩邸属人，年羹尧也为胤禛效力多年，而且年羹尧的妹妹嫁给了胤禛，是胤禛的侧福晋，也就是妾。所以胤禛和年羹尧既是郎舅关系，也有主仆之情，又手握重兵，是胤禛的第一心腹。

隆科多，胤禛养母的兄弟，所以也算是胤禛的舅舅。太子允礽第二次被废的时候，接替托合齐担任步军统领，后来又兼任理藩院尚书、步军统领一职，掌管北京城内外九门的钥匙，统率八旗步兵，相当于今天的北京卫戍司令。虽然官品不是很高，但是职位重要，在胤禛看来，自然大有利用的价值。

本来隆科多是允禔的党羽，允禔党瓦解后，一度失意，转而投靠允禩，到了康熙末年，看到允禩前途渺茫，又转而投奔胤禛，两人一拍即合，暗中勾结，胤禛看中了隆科多的职权，隆科多也把未来赌注押在了胤禛的身上。

允祥，康熙第十三子。在第一次废太子的事件中遭到打击，但和胤禛关系密切。后来胤禛上台以后，成为兄弟中最亲信的一个。

雍正的亲信还有如下几位：魏经国，康熙末年出任湖广总督；常赉，任官副都统；戴铎，康熙末年升任四川布政使；博尔多，举人出身，后任职内阁中书；傅鼐，藩邸亲信。

事实证明，这些亲信后来在关键时刻都发挥了巨大的作用。

- 凡做成任何一件事，都要善于变算，不可死守一点，根本不变。"变算"的最大特点在于：因人、因时不同而拿出不同的绝绍。

- 赵匡胤最强大的本领在于以变算制服对手，因此他每迈出一步都带有明确的目的性，绝不失算；同时，他还善于留几手，以备他用。

》 彼此信任是第一等大事

相互信任是凝聚人心的方法。例如你是否以高度信任的态度去对待他人，关系到自己身边到底有多少可以重用的人。赵匡胤知人善任，用可用之人，不但体现了一种用人的学问，而且还包含了他的做人之道：一、信任对方能办成事，二、宽容对方能赢得钦佩。

赵匡胤认定只要信任将领，强将手下就无弱兵。他曾经从自己的卫队（御马直）中亲选30人交给郭进，让他们在其手下进行实战锻炼，这些士卒从未上过战场，与北汉军队交战，往往怯阵溃退，郭进一怒之下，斩杀10余人，同时上报赵匡胤。当时赵匡胤正在便殿检阅部队，接到报告后，从皇帝尊严和威慑士卒起见，故意表露出对郭进的不满："御马直，千百人才得一二人，稍违节度，郭进就大开杀戒，这样杀下去，就是龙种健儿也供不过来呀！"

虽然赵匡胤在众军卒面前煞有介事地表示不满，但私下却派人告谕郭进："这些人仗着自己是天子卫兵，而竟敢骄倨不秉令，杀之可也。"从而对郭进的执法行为予以了支持和肯定。

郭进颇有肚量。曾有军校进京向赵匡胤告御状，称郭在洺州，多为不法，请皇上圣断。赵匡胤连基本的核查工作都不做，他对近臣说："此人所诉事多非实，盖郭进御下严甚，此人有过，畏惧而诬罔之耳！"随即命人将告状者械系送郭，让郭进本人诛杀。

对于赵匡胤的如此信任，郭进正要奉表称谢，不料北汉军队正值此时犯边。于是郭进释其绑，对此人说："你敢告我，算你有胆气，现在我宽宥你，如能杀退此寇，则由我负责向朝廷推荐，如果失败，你则可以向北汉投降，不要再回我处。"这名军校踊跃听命，奋力杀敌，果然立功而返，郭进也不食言，果真向朝廷奏请提升其职务，赵匡胤也很高兴地批准了这一请求。

开宝三年（970年）赵匡胤令有关部门为这位劳苦功高的御边名将在开封修造住宅，以示奖赏，赵匡胤还特意交代厅堂全部要采用甋瓦。有人提出反对意见，说郭进不过是一位地方防御使，级别太低，乱了规矩。赵匡胤闻言大怒："郭进控扼西山逾十年，使我对北边无后顾之忧，我待郭进，难道应该比儿女差吗？赶快按我的意图施工，不必多说。"由此可见赵匡胤对边将的宠爱。

郭进是个有情有义的人。他少年家贫，曾寄居于巨鹿一户富人家中，因得罪了少东家，富人之子准备杀害他。多亏其妻竺氏偷偷相告才得以幸免于难。后来，郭进为官邢州，即寻访竺氏，此时竺氏已家道中落，生活难以为继。郭进不忘旧恩，便将竺氏的一个女儿带到自己身边加以抚养，待之如己出。后郭进有意将这位养女嫁给某位军官，但其养女觉得自己世代务农，不宜从军，郭进又尊重她的意愿，郑重地为她选择了一位农家子弟为婚。

最能反映赵匡胤对武将宽容和姑息的，莫过于对关南守将李汉超的袒护。

欧阳修《归田录》卷一记载说：

太祖时，以李汉超为关南巡检使，使捍契丹，其齐州赋税甚多，乃以为齐州防御使，一州之赋，悉命养士，汉超武人，所为多不法。久之，关南百姓诣阙，讼汉超贷民钱不还，及掠民女为妾。太祖召百姓入对便殿，赐以酒食，慰劳之，徐问之曰："汉超在关南，契丹入寇者几？"曰："无有也。"太祖曰："往时契丹入冠，边将不能御，河北之民，岁遭劫虏，汝于此时能保其资财妇女否？今汉超所取，孰与契丹之多？"又问讼女者曰："汝家几女，所嫁何人？"百姓具以对。太祖曰："然则所嫁皆村夫也。若汉超者，吾之贵臣也，以爱汝女则娶之，得之必不使失所，与其嫁村夫，孰若处汉超家富贵！"于是百姓皆感悦而去。

李汉超镇守关南前后13年（964—977年），打起仗来确是一把好手，这也是他深得赵匡胤赏识的一个重要原因。对于他的种种不法行为，赵匡胤不仅不绳之以法，反而大讲了一番歪理。不讲李汉超保土安民之职责，而称汉超所刮取与契丹所劫掠相比乃九牛一毛；不讲以威势强抢民女法理难容，而称民女嫁汉超乃是攀附高枝，是百里难得挑一的好婚姻。真是岂有此理！据说赵匡胤将告状者打发走后，又"密召汉超母，谕之曰：'尔儿有所乏，不来告我，而取之于民乎？'乃赐白金三千缗。"尽管赵匡胤本人对李汉超的敛财行为持反对态度，但也仅限于对这位爱将含蓄地提醒他注意影响而已。

董遵诲本涿州人，是赵匡胤的同乡。开宝元年（968年）七月至太平兴国六年（981年）出镇通远军（甘肃环县），戍守西北边境。其父董宗本，在后汉时曾担任随州刺史。当年赵匡胤离家出走，曾到随州投靠过这位涿州同乡。在董家，赵匡胤和这位董公子董遵诲相处得颇不愉快。一位陌生的同龄人来到家里，年轻气盛的董遵诲"凭借父势，多所凌忽"是完全可以想象的。据说董曾盛气凌人地问赵匡胤："每见城上有紫云如盖，又梦登高台，遇黑蛇约长百余丈，俄化为龙，飞腾东北去，雷电随之。是何吉兆？"赵匡胤默然不语。董又与赵争辩战事，因辩不过赵匡胤，竟然一气之下拂袖而去，显得很没有教养。

不想冤家路窄，昔日备受欺凌的流浪者竟然当了皇帝，而继承父业的董遵诲也已是禁军骁武军指挥使，成了赵匡胤可以随意驱使的爪牙，董遵诲于是终日惶恐不安，担心有朝一日大祸临头。

赵匡胤显得颇有气度。一次，他特地在便殿召见董遵诲，董一进门，即伏地请死，赵匡胤连忙令左右将其扶起，转而亲切平和地与他叙开了往事。谈兴正浓时，忽有董的部下，向赵匡胤状告董的种种不法之事，告状者一一罗列，竟有10余件之多，新账老账，董遵诲只得听候发落。没想到赵匡胤全然不问，而是安慰他说："朕方赦过责功，岂念旧恶耶？汝可勿复忧，吾将录用汝。"不但不问罪，反例打算委以重任，董对新皇帝的宽宏大量感激不尽。果然，赵匡胤不日即命他出镇通远，担负戍边重任。

赵匡胤对董遵诲的关怀体贴还不止于此。他打听到董的母亲仍在契丹统治下的幽州，立即叫人用重金收买边民，偷偷地将老人接来送到董遵诲处，并给予大量赏赐。

董遵诲到通远，也不负期望，他又是召集酋长，"谕以朝廷威德"；又是"率兵深入"，击败敌人入侵，着实给赵匡胤挣回不少面子。赵匡胤见董遵诲安边御敌颇有成效，高兴之下，就地提升他为罗州刺史。想想犹嫌不足，又特意解下自己身上的那套"真珠盘龙衣"予以赏赐，以示褒奖。董见赵匡胤如此礼遇，一时惊诧不已，赵匡胤却颇不以为然，他说："吾委遵诲方面，不以此为嫌也。"

由此可见，赵匡胤做人讲宽容法则，不计前嫌，只要他看准的人，他就予以信任，只要把事情做得完美，他就予以重赏，这就是他的聪明之处。

》 不可过于心小

　　心太小的人成不了大事。真正善于成事的人，都不是小心眼，而是显示出宽容的王者之气。当一把手的有时可以没有冲锋打头阵的勇武，甚至可以不懂运筹帷幄的智略，但决不能鼠肚鸡肠。刘邦文不如张良，武不如韩信，却能让一帮能人为他所用。他有什么呢？宽宏大量，善决断，会用人，有老大气派，是超出于技术官僚之上的政治家。赵匡胤也是这样的人，他宽宏、自信，让手下人觉得，跟着他踏实、有奔头。强者大多有一种自信的精神，这是强者的风范。在他们看来，自己就是天下至强，天下之事舍我其谁，这种自信也就是所谓王者之气，矫揉造作者是装不像的。赵匡胤就是用王者之气去管人的。

　　赵匡胤刚登帝位时，经常微服私访。一次，赵普劝他要小心，因为天下还不太平。赵匡胤说：帝王之兴，必有天助。想当初，周世宗见到将领中的方面大耳者都格杀勿论，而我终日侍候在他的身边，反而没有遭遇不测之祸。如果命中注定应该当天子，别人也夺不去。天生不应为天子，就是闭户深居也是徒劳无益的。从此，太祖微服出行的次数更加频繁了。遇到劝谏者，他就对劝谏者说：有天命的人，可以代替我做天子，我不禁止他。言辞之中流露出得意和自信之情。

　　还有一次，也是赵匡胤当皇帝不久，第一次乘坐皇帝车驾出宫，经过大溪桥时，一支箭飞来射在仪仗的黄盖伞上，禁军侍卫吓得发愣。太祖披开胸襟，笑着说："让你射，让你射。"回到皇宫后，左右亲随力请搜捕射箭的人，太祖不准。后来也没发生什么事。赵匡胤不同寻常之处在于他自己深信，也让臣下相信他当皇帝是天之助，不是谁用阴谋暗算就能夺去的。如果他整日躲在宫中，杯弓蛇影，胡乱猜疑，自己都没有安全感，谁还敢把前途寄托在他的政权上。

雄才大略的人行事大都有自己的一套方式，不苟同世俗。他们坚信：我自有我一套，何必跟众人一样。亚历山大大帝时期，有一个绳结是举世公认的难题，几乎没人能解开它。有人把它拿给亚历山大，他想都没想，抽刀一刀斩断绳结。

五代时是乱世，屠杀和劫掠如家常便饭，人命不值钱。而赵匡胤超出寻常之处在于他的宽仁，他要走一条和平之路。他考虑的是长治久安，既要统一，又要少流血，少制造仇恨。这个原则是极富智慧和仁爱的。古代皇帝对前朝或割据统治者最简单有效的处置方式就是消灭，而赵匡胤的和平之谋对敌人也是有效的，终其一生，他没有杀死一个国主。

刚平定蜀国之初，蜀主孟昶的母亲李氏随同孟昶来到汴京，宋太祖对她说："老太太自己注意保重，不要悲悲戚戚怀念故乡，以后会送你回去。"这李氏也是颇有见识的。她知道，赵匡胤再大度，也不愿让废君的势力回到故国。于是她说："我的故乡在太原，倘若能回到老家，那才是我所愿。"而当时山西尚在北汉手中，李氏此言无疑把山西已视为宋朝国土。赵匡胤一听更是高兴，说：等平定了刘钧，就让你如愿以偿。

赵匡胤的皇位是从后周抢来的，这绝不是光彩的事，史书中也极力为他遮掩。但后周那些皇族后妃和一班旧臣却是活证据，他们难免心怀怨意，如何处理他们呢？赵匡胤同样采取宽宏的手段，以安抚为主，不行杀戮。

宋太祖刚做天子时进入后周皇宫，看到宫女抱着一个小孩，问是什么人，宫女答："世宗的儿子。"当时范质（后周宰相）与赵普、潘美等人跟在身边，太祖环顾问赵普等人：该怎么处置这个小孩。赵普等人说："杀了他。"潘美与另一将领在后面却不做声。太祖问他的意思，潘美不敢回答。太祖说："登上别人的皇位，还要杀人家的儿子，我不忍这么做。"于是让潘美认领回去做侄子。以后，赵匡胤再也没过问过。那孩子长大之后还当了刺史。

对后周的旧臣，赵匡胤不是不知道他们对自己的不满和对前朝皇恩的怀念，但他对这种情绪没有硬性压制，或用杀戮政策恐吓，而是用温和的宽容政策，让他们逐渐接纳新朝。他对后周的三位宰相范质、王溥、魏仁浦，不但没有杀害，反而继续让他们担任很高的官职，以示优礼。这样做对于稳定人心，平定局面确有积极作用。

赵匡胤上台后征讨北汉，包围太原，久而不拔。禁卫军的士兵们自告奋勇，请求亲自前去攻击。赵匡胤制止他们说：我从天下挑选你们，并加以精心地训练，费了不少心血。你们都是天下的精兵之髓，是我的忠诚部队，我宁可不得太原，岂能让你们牺牲在此城之下？竟不再攻城，引兵而还。或许赵匡胤早已有退兵的企图，但他能以这种方式表达出来，还是让禁卫军感奋不已。

乾德二年（964年），宋朝兵分两路进攻后蜀，战事进行得较为顺利。有一天，京城开封下起了鹅毛大雪，宋太祖在讲武殿处理事务。由于天气寒冷，殿中置设毡帷，太祖戴着紫貂裘帽。太祖即景生情，对左右侍者说："我穿戴得这样厚实，身体还觉得寒冷，那么西征将帅士卒处于霜雪之中，处境一定相当艰难。"说完，即解裘帽，派人送到战争前线赐给统帅王全斌。王全斌拜赐感泣。也许有人认为这是惺惺作态，但人世间的情感几分是真，几分是假，谁又能说清楚。关键是赵匡胤做出来了，并且这种宽爱的举动让部下感受到了。

真正宽容的人，能记住别人对他的恩情，又能忘却别人对他的小冒犯。赵普显贵后，就曾把贫贱时的仇家一一开列出来，请赵匡胤铲除。宋太祖不答应，他说：如果人们能在芸芸众生中知道谁将成为天子宰相，那不早就贴上去了。赵匡胤宽待仇家最出名的例子是对董遵海。

赵匡胤早年落魄时曾投奔到董遵海父帐下。董遵海对赵匡胤经常冒犯。赵匡胤忍不下去就投奔他处了。后来，两人同在后周朝为臣，董又和赵的政敌声气相通。赵匡胤即位后，就召见了董遵海。董自忖死罪难逃，便要自杀。他的妻子却表现出了不凡的见识：等到皇上要你死时，再去死也为时不晚。万乘之主，岂会小肚鸡肠，同你计较过去的一点私嫌旧怨？果然，董遵海上朝请死时，赵匡胤开怀一笑泯恩仇，不予追究，还委以他方面之任。董遵海也是感激涕零，一生忠谨。

有的人对敌人、外人能宽容，因为这样做可以收揽人心，博取盛名，但对自己人反倒心狠手辣，不念旧情。赵匡胤却能做到内外一致，对自己人也是同一条策略：宽待以收心。

》 紧紧抓住一个"势"字

成事之道往往体现在一个"势"字上。什么是势？这一点，是成大事者必须明白的两个为政的课题。皇帝是一个大群体的利益总代表。往小了说，他要保住满朝文武的富贵，往大了说，他要让天下百姓生活安定，有利可图。否则，就会有人去掀他的龙椅。所以成大事者不着眼于一珍一宝，而看中那些能保有财物的东西——人心、土地、权力等。赵匡胤深谙此理，大把散钱去收人心，换土地，稳权力，保平安。这就是赵匡胤用利获势的成事之道。

赵匡胤能散财分利，首先是他自己不爱财、不贪财，在钱财这点上想明白了。成大事者，很多不看中财物和奢华的生活。因为财物太不稳固了，今天你可能富有一国，满眼金银，明天可能成了他人的阶下囚，不名一文。而奢华的生活正是把人拖入不思进取、不图远望道路的勾魂牌。

赵匡胤当了皇帝后，他的家人曾对他说："你当了这么久的天子，难道不能用珠宝装饰轿子，出入皇宫吗？"赵匡胤说："我以四海之富，宫殿全部用金银为饰，也完全可以办到，但要知道，我要为天下守财，岂可妄用？古人称'以一人治天下，不以天下奉一人'，如果用天下的财富来奉养天子一个人，让天下之人仰赖谁呢？"

吴越王钱俶曾向赵匡胤献上一条宝犀带，赵匡胤看了这条犀带后说，"朕有三条宝带，与此不同。"钱俶听赵匡胤这样一说，大为愧服。作为一国之主，所关心的是什么，直接体现出他的治国水平。吴越王只知道以奇珍异宝为宝。赵匡胤则正相反，表现了高人一筹的境界。

赵匡胤在分利上最明显一着是给利不给权，以利换权，可谓以小换大。

"杯酒释兵权"的故事人们很熟悉。那些被半逼半劝解除了兵权的节度使不都是舍己为人的先进模范，他们在交权时有的向赵匡胤讲起了自己一生在刀丛中拼命的苦日子。赵匡胤也知道他们的意思，无非是多要些钱与待遇罢了，便说：这都是以前的事了，大家都辛苦了，我不会亏待各位的。于是大家心照不宣，尽欢而散，到了第二天，都呈上辞职书，赵匡胤一律批准，同时给予优厚的待遇，让他们安心地养老去了。赵匡胤深知，收了人的权，再不给人利益补偿，岂不更危险。这实际是一种经济赎买政策。在这种政策的导向下，从宋太祖时开始，武将掠取土地、经营谋利、聚敛财宝的风气就已形成，并且逐渐盛行。宋太祖对此一般是听之任之。在他看来，只要他们不危及皇权统治就行。

不但对那些不放心的老臣，即使是正当用的新宠，赵匡胤也是给钱不给权。

曹彬是消灭南唐的大功臣。在开始安排曹彬讨伐南唐时，赵匡胤对曹彬说："等你给我活捉了李煜（南唐国主），我让你当宰相。"灭了南唐之后，与曹彬同行的潘美，想起赵匡胤的事前许诺，就向曹彬表示祝贺。

曹彬说："不用贺，陛下不会赏我宰相之位的。宰相是最高的官，若赏赐到了头，以后还拿什么来赏赐？"潘美不信。

　　赵匡胤见了二人，称赞曹彬劳苦功高。接着说："本来要授卿相位，可是北边的刘继思还未消灭，你还是再等一等！"潘美听了此话，不禁望着曹彬发笑。赵匡胤发觉，就诘问潘美，潘美只好据实回答。赵匡胤一听也不禁大笑。于是另外对曹彬再赏钱 50 万。曹彬退朝后对潘美说：人生何必非做宰相，当官不过是多得钱罢了！曹彬的话既是真心话，又是说给赵匡胤听的。他了解皇帝宁可让臣下喜欢钱，也不愿让他们喜欢权。自己表明心迹，让皇帝放心。赵匡胤分利，也是笼络人心的一种方法。给人以利，人才会死心塌地地为你卖命。否则，他们就会从邪门歪道去谋利。

　　刚夺了皇位后，边境的安宁至关重要，因为外面强敌林立，内部人心未稳，如果边境再乱了，大局就失控了。赵匡胤选取最信任的人去守边。但信任归信任，利益归利益。赵匡胤为了让他们安心守边，给予这些边将不少特权，如优恤他们的家属，多给俸禄，加官晋爵，允许他们在辖区内从事贸易，特免征税。边将每次来朝，太祖必定召来面坐，厚给饮食和赏赐。

　　太祖认为只要财用丰盈，这些边将就能秉承君意，作为皇帝就是减少后宫开支、克勤克俭来筹集边费，也在所不惜。太祖曾经命令有关部门为洛州防御史郭进修造住宅，厅堂全部用琉璃瓦。有人说这种待遇只有亲王、公主才能享受。太祖生气地说：郭进控扼西山十多年，使我没有北顾之忧，我视郭进难道薄于儿女吗？赶快前往督役，不要妄说。

　　赵匡胤还认识到了官员的俸禄和廉洁之间的关系，提倡高薪养廉。开宝四年（971 年），他曾下令说：官员不廉洁，政局就会不稳，薪俸不足则饥寒交迫，因此，为了侵占和夺取一点点小的利益就损害骚扰老百姓，究其原因是由此而引起的。既然要责令他们廉洁奉公，当然也应该向他们表示皇上倍加的恩惠。从现在起各道、州幕职官员，并依照州、县官的条例设置出领薪俸的人户。

赵匡胤虽然对臣下大施恩惠，百般优待，但不是毫无原则，有求必应。对贪赃枉法、玩忽职守、枉杀百姓、经商营利的臣下，都严惩不贷。

以利笼人的至高境界是以利套人。抓住你爱财的毛病施之以利，不但笼络住你的心，还束缚住你的心。

宰相赵普爱财出名。一次，南唐国主李景曾送五万两银子给他，赵普想发财却不敢收，怕别人说他里通外国，便向赵匡胤报告了这件事，请示该如何处置才是。赵匡胤说：他既送来，也不可不受，你既向我汇报此事，我也不怀疑什么。赵匡胤虽这样说，可赵普还是不敢收下，他一再叩头辞让，赵匡胤说：这并不只是你个人与南唐之间的事，宋朝作为大国，体面不能丢，不可自为示弱，当使南唐对我们感到神秘莫测，这才是我的本意。赵普这才敢收下这份重礼。

赵匡胤要赵普收下银子，他是想让赵普在内心深处留下一个无法消除的阴影，让他总为此事而内心不安，让他不敢对自己有任何的隐瞒。这就是赵匡胤对赵普施加的最有效的控御。

后来南唐国主派其弟李从善来宋觐见，赵匡胤在正常的赏赐外，又密赠他5万两白银，与南唐国主送给赵普的数目一样。此事传到南唐，使他们的君臣都很震骇。赵匡胤是借此事向南唐表示，自己对于臣下与你们的一举一动都洞若观火，而你南唐想在我们君臣之间搞什么花样，只不过是枉费心机。同样是五万银子，这一收一放，起到多层效用，可谓是一箭双雕。

赵匡胤分利更有一种和平主义倾向，就是不愿拿百姓的生命去冒险的深远思想。他为天下守财，生活俭朴；而为天下用财时，出手慷慨。

宋太祖讨伐平定南方各国时，没收其府藏另外贮存为一库，叫做"封桩库"，每年国家财政支出后的剩余部分也存入其中。

他曾经对亲近的臣子说："后晋的石敬瑭割让幽燕地区的各州郡给了契丹。我怜悯那八个州郡的百姓长久沦陷于契丹的统治之下，等到库藏积蓄到 500 万缗，就派人到契丹去赎回这些州郡。如果契丹不听，则拿出这些钱招募士兵，以图谋攻取。"他还说："辽兵数次侵扰边境，如果我用 20 匹绢的价钱收购一名辽兵首级，辽军精兵不过 10 万人，总共只需花费我二百万匹绢，而辽兵就会被我消灭殆尽了。"他的算法过于简单，但无论募兵也好，赎买也好，都是不愿人民受苦，希望以金钱换土地的方式解决问题。赵匡胤是雄才之主，不避艰险，有此贿赂政策实出有因，那就是宋的军事实力远负于契丹。换土地、释兵权这些做法固然不如屠杀功臣来得彻底，但能减少风险和人民的损失。从这点讲与能分利的人合作起来风险更小。

赵匡胤善于求"势"，因为他把"势"看做成大事的资本，没有势，要想成事，谈何容易。

》 多留几手，能起大作用

凡善成事者，一般讲都有多手准备，还时不时与人捉迷藏。也就是说，运用管人之术，不可执着于一途。一味求透明，可能缺少变通和机谋，路走不通也不知绕个弯，就会阻力重重；醉心于阴谋诡计，则阴气太重，也许一时能算人一把，但终究反算了自己。赵匡胤正邪兼通，既有虎气，又有猴气，将管人权谋运用得既高明又干净。赵匡胤认为，兵法讲奇正之变，以正为本。管人权力是一种支配人的力量，要想让人为你所用，行使权力要尽量公平、正派。

赵匡胤用权管人之道，其一是信赏必罚，恩威并用。

赵匡胤十余年征讨，次第削除了南方的割据政权，只剩下一个吴越，当时，吴越正是钱俶统治时期。钱俶对宋大献殷勤，承认宋的正统地位。赵匡胤也对他进行安抚和笼络。举兵南唐前，赵匡胤特地带信给钱俶，要他助宋共伐南唐。钱俶于是率兵5万，攻常州，下润州，对宋也算是立下了汗马功劳。

南唐灭亡后的第二年春天，赵匡胤召钱俶入京朝圣，并表示见面后一定放他回去。钱俶因为有南唐前车之鉴，自然不敢违抗。便携带妻子，北上开封。钱俶一走，吴越小朝廷陷入一片恐慌之中，人们都以为此去是肉包子打狗，凶多吉少。没想到，赵匡胤果然没有食言背信，如约放钱俶回归。只是临走时赐给他一个黄色的包裹，嘱咐他在途中再打开。早已迫切希望知道其中究竟是什么的钱俶，打开一看，不禁目瞪口呆。原来全是宋朝臣僚要求扣留钱的奏章。赵匡胤不愧是玩弄政治手腕的大师，他此举的目的，一是要表示自己对钱俶的信任，同时又委婉地警告钱俶，必须老老实实，否则就会大祸临头。

钱俶对赵匡胤既感激涕零，又心怀恐惧。于是，对宋就更加服服帖帖，不敢有一丝一毫的怠慢。到赵匡胤去世时，全国统一的大局已定。

赵匡胤用权管人之道，其二是搞平衡，"弹钢琴"，协调各方利益。

宰相赵普专权苗头显露后，赵匡胤为分其权，以配助手，减轻其压力为由，让兵部侍郎薛居正和吕余庆以本官身份参知政事。但赵匡胤不想让这些二线队伍再度膨胀，同时也不想让赵普太过怨望，撂挑子不干，就在两方搞平衡。他让两个新人分赵普的相权，但又不让他们独自宣示诏书，单独值班，也不能掌管相印，还不得到政事堂议事，只让他们到宣徽使厅议事，在殿庭上则另设座位在宰相的位置之后，在公文签字时，他们的官衔与姓名，都要比宰相低几个字，月俸杂给，也只有宰相赵普的一半，总之，让双方都过得去，不过分偏向任何一方。

赵匡胤为了不让禁军在京城养尊处优，设计了"更戍法"，让禁军轮流去边境换防，他深知：兵士长期在边境地区，条件艰苦，不让他们回来休息，也会产生不满情绪，到了一定程度，难免不生叛乱之心。所以要定期轮换，让兵士知道吃苦只是一时，不至于绝望。同时也可借用轮换戍边的方法，使全体禁军士兵劳逸平均，谁也不能偷懒，谁也不会长期受苦，大家心理平衡，这也是控制人心的一种谋略。

大将郭进在北边防守北汉，治军严格，可是好杀人立威。有一次，赵匡胤选派了御龙官30人，前往西山，正好遇上与北汉作战，这批御龙官在战斗中，多有退却者，郭进毫不客气，当场斩首十几人，制止溃逃。赵匡胤听到消息时，正在宫中检阅禁军。面对情绪波动的亲军，他说：御龙官是千百人中才能选到一两个的精兵，而郭进只因他们犯了一点小过失，一下子就杀了十几人，像这样下去，我这里的龙种健儿，也不够他用的。但赵匡胤又暗中派人对郭进说：这些御龙官，仗恃自己是皇帝的宿卫亲兵，到外地都骄倨而不听令，你杀得非常对。郭进知道后，深为感动。此举虽近于两头买好，但一边是贴身护卫军，一边是前线部队，确实需要平衡抚慰，如果万一激起变乱，后果不堪设想。

赵匡胤用权管人之道，其三是不以个人兴趣好恶行事，理性压倒感性。

皇帝的权力是无限的，缺少监督的权力最容易恶性膨胀。如果一味凭好恶行权，没有准则，法度失效，易形成专杀或放任，是衰败的前奏。赵匡胤努力节制自己的欲望，注意收敛心性，尽量把行政纳入理性化的轨道。他把"治世莫若爱民，养身莫若寡欲"写在屏风上以自醒。

赵匡胤是武人出身，看不起文人。他认为文臣起草皇帝的诏书，不过是用前人旧本，略加改动而已，依样画葫芦，并非真有多大学问。一次赵匡胤到太庙，见到里面陈列不少礼器，便问："这都是些什么东西？"有人告诉他这是在太庙举行祭祀时所用的礼器。赵匡胤说："我祖宗谁认得这些东西！？"命人尽数撤去，只用一般的食器，向祖先祭祀。儒家认为，国家的大事，莫过于打仗和礼法，而在务实的赵匡胤眼里，礼法没什么作用。

不过后来赵匡胤也确实感觉到，儒家的学问对自己治国有用。因为封建国家、皇权制度，总是需要进行礼仪活动，于是有关的种种规定与讲究，就非要儒家士人为之操办不可，所以赵匡胤逐渐地觉得儒生文士还是皇权这部车子上不可缺少的一个车轮。而且，赵匡胤还发现重用文臣更有抑制武将的作用。他曾问赵普，文臣中有没有精通军事和战略的，赵普回答说左补阙辛仲甫就是这样的人，赵匡胤就任用他为四川兵马都监。

赵匡胤对赵普说："五代的藩镇非常残暴，人民深受其害，我现在任用了一百多名文臣中能干的人去治理各地的大藩镇，他们就是贪污卑污，也不及武臣的十分之一。"从不喜欢文人到养士重用，正是赵匡胤克服自我，服从治国规律的表现。

赵匡胤管人的另一个突出表现是一般不独断专行，善于采纳臣僚的意见。开宝二年（969 年），赵匡胤亲征北汉，驻留潞州。当时各地转运的军需物资全部集中潞州城，造成道路堵塞。赵匡胤听说后，以为是非理稽留，准备治转运使的罪。赵普急忙劝谏赵匡胤说：军队刚到，而转运使获罪，敌人知道后，一定以为我军储备不足，这不是威慑敌人的办法，应当选择善于处理繁重难办事务的官吏治理此州。赵匡胤并没一意孤行，反倒觉得赵普想得深远，就听从了他。

陆 霸算与猛胜

真金可以不在火炉中炼

- 霸算之道在于：做事当有霸气，即从"霸"字上压倒对手，让对手心生恐惧，从而以猛战胜对手。
- 成吉思汗善取霸势，他相信与对手较量，绝不能离开这股霸势，时时要把对手逼到绝境，自己才能猛击对手软肋，并赢得胜局。

>> 要咬牙逼近自己的目标

一个人要成大事，必须咬牙逼近自己的目标，这样才能顶得住、站得住。那些心中有万千世界的强者，在这方面都是超人一等的。

为了使内部和睦相处，铁木真派使求和遭到桑昆的拒绝，王罕决定议和导致了内部的分裂。札木合、答里台等人离开王罕后，王罕父子还军于折折运都山。铁木真害怕桑昆再一次袭击自己的营地，也离开董哥泽向呼伦湖西南的班朱尼湖转移。

当时，铁木真的二弟合撒儿离开了铁木真独自生活。王罕的军队在合剌温山袭击了他们的营地，他的妻子和儿女都被王罕军俘获，他只带了几个伴当来寻找铁木真。一路上穷困已极，失掉了一切生活资料，只能煮野兽的尸体为食。这种恶劣的食物使虎背熊腰的合撒儿日渐消瘦。直到班朱尼湖他才与铁木真相遇。

铁木真的处境也并不美妙，一路上队伍失散，减员比较严重，不少将领和属民百姓还流散在各地，同他一起来到班朱尼湖的各级首领只有19人。由于当时失于记载，见于各有关传记的并不足19人之数。其中包括合撒儿、术赤台、塔海·拔都儿、速不台、速不台的父亲哈班、哥哥忽鲁浑、阿术鲁、镇海、耶律阿海及其弟秃花，还有绍古儿和麦里之祖雪里坚那颜。铁木真的名将博尔术、木华黎以及铁木真的4个儿子都不在 19 人之内，可见当时部队流失十分严重。

铁木真本想举行一次丰盛的宴会欢迎合撒儿的归来，但军中既无酒肉，又无粮食。荒野茫茫，食物无从寻找。忽然，从远处跑来一匹野马。合撒儿纵身跳上马背，迎头冲去，只听弓弦一响，那匹野马就停止了飞奔，倒在地上挣扎。军士们剥下野马皮，涂上一层泥暂作铁锅，击石取火，用湖水煮野马肉充饥。肥美的马肉很快就被吃光了，铁木真擦了擦嘴，双手捧起湖水，连饮几口。突然又举手仰头，对天发誓："我若能克定大业，定与诸人同甘苦，共命运。若违背此言，有如河水。"19 名首领深受感动，一个个都流下了热泪，他们也以湖水当酒，开怀痛饮。这就是蒙古史上一个著名的历史事件——饮班朱尼湖水。《元史》上称为"饮班朱尼河水"。因为当时湖水正浑，所以又称为"饮浑水"。有人称班朱尼湖为"黑河"，因此又称为"饮黑河水"。

饮过班尼湖水的 19 名首领后来都成为成吉思汗的功臣，如术赤台、速不台、塔海·拔都儿等在以后的征战中都发挥了重大作用。值得注意的是，在这 19 人中已包括西域人、克烈人、回族人和契丹人。如扎八儿火者，本是西域赛夷人，即中亚人。《蒙鞑备录》称其为"回鹘人"。后来他曾作为成吉思汗的使者出使金朝，也是了解金朝关防险要的侦察人。成吉思汗进攻中都时，就是由他引导蒙古军队从黑树林中的小路绕过居庸关，直插南口，从背后攻下了居庸关，为成吉思汗进攻金朝立了大功。他与长春真人丘处机有旧交，成吉思汗会见长春真人时，他是聘请长春真人的"宣差相公"之一。

再如"镇海"，《元史·镇海传》说他出身于"怯烈台氏"，即克烈氏。《蒙鞑备录》却说他是回鹘人，估计他是一位穆斯林化的克烈人。又说他"饶于财，商贩巨万，往来于山东、河北，"看来是一位回族化的富商。因此成吉思汗建国后，任命他"专理回族国事，""主回族字，行于回族"。成吉思汗决计伐金与他的鼓励也有很大关系。后来成吉思汗西征，他在漠北负责屯田。长春真人去西域会见成吉思汗时他是迎送丘处机的重要官员，长春真人称他为田镇海，或者称作阉利必镇海。

而耶律阿海、耶律秃花兄弟则是生于金朝的契丹人。他们世据桓州，其祖父撒八儿曾任州尹，其父亲脱迭儿曾任金朝的尚书奏事官。耶律阿海本来是金朝派到王罕处的使者，他在王罕处结识了铁木真，当时就劝铁木真积蓄力量准备反金。不久，他将自己的弟弟秃花送到铁木真处，充当了铁木真的宿卫。后来成吉思汗南下攻金，他们兄弟又成为向导，因功被尊为太师、太傅。丘处机见成吉思汗时，阿海任翻译，可见他精通蒙古语，是成吉思汗的亲臣近臣。

由此可见，早在饮浑水、袭金帐之前，围绕在铁木真四周而替他当参谋，出主意，跟他一道艰苦奋斗而出生入死的文臣武将中，早已有了一些来往蒙古地方以至远到中原各地的回回富商大贾和十分了解金朝政治军事内情并已成为望族的汉化的契丹人、女真人，由他们组成了铁木真的参谋本部和战斗核心。他们对于铁木真统一蒙古以及以后的南征、西征都做出了重大贡献。

也正是在饮班朱尼湖水时，亦乞剌思人孛秃、花剌子模商人阿三（哈散纳）先后投靠了铁木真。孛秃曾住在额尔古纳河一带，善骑射。有一次，铁木真的使者潜至额尔古纳河，孛秃了解到是铁木真所派，"因留止宿，杀羊以享之。"后来孛秃宗族派人去见铁木真，向铁木真致意说："臣闻威德所加，若云开见日，春风解冻，喜不自胜。"铁木真问："孛秃有多少孳畜？"其族人回答说："有马三十匹，请以马之半为聘礼，迎娶帖木伦。"帖木伦乃铁木真之妹，铁木真为了搜罗人才，私下已答应将她嫁给孛秃，但并不是为了要孛秃的聘礼，因此听了这句话铁木真很生气："婚姻而论财，这不成了商人了吗？古人曾说，同心实难，我正要取天下，你们亦乞列思之民，如果从孛秃效忠于我，我是欢迎的，何以财为！"当铁木真到达班朱尼湖时，孛秃因被豁罗剌思击溃，于是毫不犹疑地投奔了铁木真，成为铁木真的妹夫，也成为"饮浑水"的功臣。花剌子模商人哈散纳（《元史》称其为"怯烈亦氏"人），估计也是伊斯兰化了的克烈人。他与手下人骑着几匹白色的骆驼，驱赶着上千只羯羊，从汪古部顺额尔古纳河而来，准备用羊群换取貂鼠、青鼠，路经班朱尼湖。铁木真邀请他们吃了一点野马肉，同饮班朱尼湖水。他为铁木真艰苦创业的精神所感动，决定弃商从军，帮助铁木真争夺天下。哈散纳用自己的1000只羊犒军，使吃尽了苦头的铁木真的军队得到了丰盛的食物，以后他也成为有名的功臣，在成吉思汗西征时发挥了独特的作用。

1203年秋，铁木真的属民百姓陆续集结到呼伦贝尔草原，军事力量迅速得到恢复。铁木真决定对王罕实行突然袭击。他用合撒儿的名义派遣合撒儿的两个那可儿哈柳答儿和察兀儿罕到王罕那里去，对王罕说："我们是合撒儿的使者，他教我们向父罕致意：'我本来希望寻找我的兄长，但一直没有见到他的形影。我沿路寻问，不能得其踪迹；登高而呼，始终也没有听到他的回声。时至今日我还无家可归，只好用枯枝野草搭成帐篷，夜里可以仰望星辰；以土块石头做我的枕头，通宵达旦不能安眠。我的妻子儿女在父罕处，没有心爱的人儿和我做伴。我信赖父罕，因此派两个使者去见您，向您要回自己的部落、军队、妻子、儿女，我要同全家一起向您俯首听命，赤诚地归附于您的部落之中。假如父罕念我前劳，许我自效，请派一名亲信来与我盟誓。"

铁木真在危急关头，敢于挺身而出，作出大决策，可见其英雄胆量。

>> 果敢地把一件事情做到底

成大事者不能半途而废，必须能把自己想做的事情做到底。成吉思汗是一个一定要把自己想做的事做到底的强者！

1219年4月，怯绿涟河畔成吉思汗的大斡耳朵附近，车帐如云，将士如雨，兵甲耀天，连营千万，成吉思汗亲率大军西征花剌子模。

5月，蒙军进至乃蛮部故地。当越过金山（阿尔泰山）时，正是盛夏季节，山峰飞雪，积冰千尺。成吉思汗命令部下铲冰开道。10万骑兵，数十万匹战马，外加运输的牛车，很快就踏出一条通路。金山上下犹如两个世界：山头雪飘冰冻，山谷却布满了奇花异草，山泉争流，松柏参天。从金山往西，河水多向西流，站在金山上的蒙古骑兵大有居高临下、势如破竹之势。

哲别、速不台等曾进军到也儿的石河畔。大概是人走熟路，或者是为了解决十万大军的水草供应问题，成吉思汗的大军过金山以后，首先到也儿的石河畔避暑驻夏，同时派出使者到花剌子模，告以兴师问罪之意。

6月里的一天，成吉思汗起兵南向。出发之前，又隆重地举行祭旗仪式。突然，阵阵寒风袭来，乌云滚滚，转眼之间就地雪深3尺。成吉思汗以为是上天告警，低头沉思，是进是退，一时拿不定主意。这时他突然想到了金朝的降臣、契丹族的耶律楚材。

　　耶律楚材出身于契丹皇族，是辽朝东丹王的八世孙。其父60得子，3年后死去，楚材由贤惠的母亲杨氏亲手抚养。杨氏精通文史，言传身教，楚材才智过人，博闻强记，二十几岁就成为一位有名的学者，精通文学、历史、天文、地理、律历、数学，兼通佛、道、医学及占卜的学问。25岁入京做官，在金朝丞相完颜福兴手下做一名左右司员外郎。在那里他认识了精通佛教和儒学的万松老人，虚心听这位老人讲经解道，学问又大有长进。1215年5月，蒙军攻克中都，成吉思汗驻马恒川，在行宫召见辽、金名家，认识了身长8尺、留着一幅漂亮的黑胡须的耶律楚材。成吉思汗一眼就发现楚材有过人之处，对他说道："辽、金世仇，朕灭金，正是为你报了世代之恨。"楚材不仅未对成吉思汗表示感谢，反而说道："我家自父祖以来，皆在金朝做官，既为人臣下，怎敢有仇君之心！"成吉思汗听到这句话更高兴了，他认为楚材忠于故主，有高尚的情操，是一个可以信赖的人，从此把他留在身边，号称中书令，负责起草诏旨，出谋划策，地位虽不能与中原的宰相中书令相比，但也颇受成吉思汗重视。名为"楚材"、字为"晋卿"的耶律公从此名副其实，"楚材晋用"，成为成吉思汗的一个智囊，这次他也随军远征。成吉思汗让楚材占卜吉凶，以定去留，楚材告诉成吉思汗："天降瑞雪，乃是胜利的先兆。"从而坚定了成吉思汗西征的信心。

　　成吉思汗挥军上路，不久抵达哈剌鲁的不剌城。哈剌鲁的阿儿思兰汗、畏兀儿的亦都护先后率部队与成吉思汗会师。近20万大军从此爬上阴山山顶，即今新疆天山西部的婆罗科努山的顶峰。山顶上有一个大湖，周围七八十里，碧波荡漾，景色奇异，人称天池。探马报告成吉思汗，前面道路不通。成吉思汗下令全军驻扎在天池周围，命令二子察合台带领一支部队修桥开路。察合台督促部下，日夜鏖战，凿石伐木，架上了48座桥梁。蒙军通过一条长满野苹果树的风景如画的果子沟，出山进入西域的名城阿力麻里。昔格那黑的斤率部欢迎成吉思汗。成吉思汗在这里略做休整，就率军渡过伊犁河、楚河，进入原西辽旧都虎思斡耳朵。

由于以上各地早已被蒙古征服，除了克服自然条件所造成的困难以外，蒙军一路上根本遇不到敌人的反抗，因此不到几个月就行军上万里，当年秋天就挺进到花剌子模边界。讹答剌守将杀死了蒙古商队，成吉思汗进军的首要目标自然是讹答剌城。当时，花剌子模已从自己的后务军中拨给哈只儿汗5万人马，又派一个名叫"哈剌察·哈思哈只不"的将领带一万人马去支援他。讹答剌的城堡、外垒和城墙都已加固，大量军用物资也已经集中，哈只儿汗让马步兵驻守城门，率领少数随从登上城头。他举目远望，一幅料想不到的景象吓得他目瞪口呆：郊外几乎变成了一支雄师劲旅的汪洋大海，战马的嘶叫如雄狮怒吼，金鼓齐鸣似山洪暴发，军营的数目无法计算，刀枪如林望不到尽头。杀死400多商人，招来了20万敌军，哈只儿汗开始后悔，有些胆怯了。

但成吉思汗并不想用20万大军进攻一个不大的边城，当全军集中后，他立刻分兵四路，分头前进。第一路由察合台、窝阔台率领，留攻讹答剌城。第二路、第三路分别由尤杰和其他将官率领，从左右两翼攻取锡尔河畔的各个城市，扫荡花剌子模边界。第四路是成吉思汗的中军，由成吉思汗及四子拖雷率领，直指不花剌城。花剌子模的新都在撒麻耳干。成吉思汗首战的目标是攻取讹答剌等边界城市，自率中军进攻不花剌，目的在于避实击虚，从中间突破，切断花剌子模新旧二都之间的联系，断绝被围边界各城的援助。

　　留攻讹答剌的蒙古军从四面八方攻城，守军也顽强不屈地进行战斗，经过 5 个月，讹答剌还没被攻破。后来，讹答剌守军支持不住了，援军将领哈剌察建议哈只儿汗向蒙古投降。但哈只儿汗十分清楚，这场战争正是由他挑起的，他不能指望蒙古人饶他不死；蒙古人包围得水泄不通，他也没有逃生之路。因此他不赞成投降，说："倘若我们不忠于我们的主子，我们如何为自己的变节剖白呢？我们又拿什么作理由，来规避穆斯林的谴责呢？"哈剌察见他不肯投降，也不便深劝。当天夜里，哈剌察率本部精兵离开了讹答剌城，想偷偷逃走，结果被蒙军截获，他们要求投降免死。察合台、窝阔台对他们进行了审讯，从他们嘴里了解了城内守军的情况，然后宣布："你们不忠于自己的主子，因此我们也不能指望你们效忠。"为了维护主奴关系和君臣关系，察合台、窝阔台下令把他们统统杀掉。

　　不久，蒙古国攻下讹答剌城，城里的百姓像绵羊一样给赶出城，蒙古人则大肆抢掠财物。哈只儿汗率 2 万精兵退守内堡，他们视死如归，在互相诀别后，一次冲出 50 人，拿身子去拼刀枪。只要一息尚存，他们就战斗不止。战斗又持续了一个月，最后剩下哈只儿汗和另外 2 人，他们仍不停止战斗，不回头逃跑。蒙军攻入内堡，把他们包围在房顶，他们仍不投降。察合台、窝阔台下令要活捉哈只儿汗，蒙古战士不敢伤害他，反而给他提供了坚持战斗的机会。另外两个人相继战死了。哈只儿汗武器也没有了，妇女们从宫墙上把砖头递给他，砖头用光了，他又用其它方法打倒了许多人，但终因寡不敌众，被蒙古人捉住了。蒙古人为此付出沉重的代价，在内堡周围留下了无数尸体。察合台、窝阔台强按怒火，没有杀死哈只儿汗，而是把他送到了成吉思汗的大帐——撒麻儿干城郊的离宫阔克·撒来。成吉思汗二话没说，就让部下熔化银液，灌进哈只儿汗的耳朵和眼睛，表示对贪财者的惩罚，为被杀害的商队报仇。

与此同时，术赤与其他将领率领的第二路第三路军，也先后攻下了锡尔河畔的几个主要城市，扫清了花剌子模的边界。

成吉思汗离开讹答剌之后，和幼子拖雷率中路军向不花剌进发，他们首先来到锡尔河左岸的一座城市——咱儿讷黑，城郊居民害怕被蒙军屠杀，纷纷躲进城堡。成吉思汗派遣一名伊斯兰教徒答失蛮哈只卜为使者，到城里去通告蒙古军的到来，劝他们投降。一群城民包围了哈只卜，反对招降。哈只卜大声向他们宣布："我是伊斯兰教徒，是伊斯兰教徒所生的，今天奉成吉思汗的命令来当使者，想把你们从死亡的深渊中拯救出来。成吉思汗的大军已开到城下，如果你们想进行抵抗，他在霎时间就会使你们的城堡变为荒漠，使原野上的血流向锡尔河。如果你们听我的劝告归顺他，你们的生命、财产就可以获得保全！"这些城民自知一座小小的城堡无论如何也抵挡不住成吉思汗的大军，又了解到蒙古人投降不杀、抵抗屠城的规矩，感到投降对自己有利，于是派遣一些代表去见成吉思汗。这座城市免遭了灭顶之灾，成吉思汗给它起名为忽都鲁·八里（幸福城）。一批壮丁被选为"哈沙儿"，准备用来进攻不花剌。

蒙军离开那座幸免于难的"幸福城"之后，选择了一个突厥蛮人做向导，沿着没有大道的路来到了讷儿境内。这是文明地区与草原的真正的边界，当时具有重要的战略地位。蒙军前锋派出使者，恩威并施地向城民进行引诱和恐吓，讷儿居民也放下了武器，派出了回访的使者，向成吉思汗馈送了大量礼品，表示降附。成吉思汗驾到，他们隆重地对他表示欢迎，成吉思汗问道："算端在这里定了多少赋税？"人们回答说："一千五百底纳儿。"成吉思汗降旨说："你们可将这笔数目的现款缴来，此外就不再使你们遭受损失了。"城民们如数缴纳了这笔赋税，从而免除了蒙军的杀掠。

成吉思汗的招降政策取得了成功，进军比较顺利，于1220年3月进至不花剌城下。该城位于河中地区的乌浒水东岸，除撒麻耳干外，它是当地最重要的城市。"不花剌"原为"不花儿"，在祆教徒的语言中意为"学中心"。自古以来，它在各个时代都是各教大学者的汇集地，当地人称它为伊斯兰教的圆屋顶、那个地区的巴格达（和平城）。成吉思汗的人马一支接一支抵达不花剌，犹如波涛起伏，绕城扎营。不花剌有2万守军，他们一见蒙古骑兵堵塞了四郊，城外尘土飞扬，天昏地暗，一个个惊恐万状，吓得要命。他们互相传诵一句所谓真主的预言："真主的使徒曾讲过：在呼罗珊有条乌浒水的河流以东，将有一座城池被征服，该城就叫不花剌。"这种宗教的预言没有给守军带来力量，反而为他们弃城逃跑提供了根据。蒙古军刚刚发动进攻，守将就支持不住了，当天夜间就率领全军逃跑。当时蒙军已停止进攻，正在营中休息，借以恢复连日作战、行军的疲劳。不花剌人这种突如其来的冲击，吓得蒙古人赶紧后退。但不花剌诸将不敢乘胜进攻，只顾各自逃命。蒙古军很快从慌乱中清醒过来，收集队伍，随后追击，在乌浒河岸边追上逃军，没有经过多么激烈的战斗，就把他们斩杀殆尽。

第二天，当太阳刚刚升起时，不花剌人打开了他们的城门，表示他们已自愿停止抵抗，派出几名宗教首领和有名的绅士，欢迎成吉思汗的大军入城。成吉思汗来到一个大清真寺，停留在祭坛前，拖雷也随后赶来，登上了讲坛。成吉思汗问："这里是宫院吗？"有人对他说："这是真主的庙宇。"成吉思汗跳下战马，登上讲坛二三级对人们说道："原野上没有草了，请帮我们喂一下战马。"不花剌人打开仓库，把谷物搬出来，装古兰经的箱子变成了马槽，精制的经卷任人践踏。蒙古军又令人找来城中的歌手，让他们唱歌跳舞，蒙军将士则高唱草原歌曲，城中的贵人、教长、法师等却代替马伕到系马桩旁去饲养战马。

然后，成吉思汗从城里走出来，他把全体居民召集到举行节日公共祈祷的城外广场，登上了讲坛，对居民们发表了讲话，谴责花剌子模算端背信弃义，他说："大家应该知道，你们犯下了大罪，你们的大臣都是罪魁。在我面前颤抖吧。我凭什么这样说呢？因为我是上帝之鞭。如果你们没有犯下大罪，上帝为什么让我来惩罚你们呢？"因为我来征服你们、惩罚你们，所以你们是有罪的，我是上帝之鞭，你们要甘心挨打。这就是成吉思汗向不花剌的百姓和教徒们所宣布的理论。这本来是一种征服者的理论，但当地的教长和绅士们却默认了这种理论，他们称蒙古的西征"是真主吹动的万能之风"，要求人们逆来顺受，不要反抗。成吉思汗讲话结束后，召见了城中的 270 名财主富翁，要求他们献出自己的财产。地上的财物不用他们说蒙古人也会找到，只让他们供认埋在地下的藏金。为此，成吉思汗让人们找来了那些富翁的管家，由他们领蒙古人去进行搜查。

在不花剌城内，还有一批拒不投降的战士，他们退到内堡坚守，不断对蒙古人进行夜袭。为了对付这批反抗者，成吉思汗下令把全城百姓赶出郊外，放火焚烧城内的房屋。不花剌的房屋多数是用木头盖的，几天之内市区就被焚烧一空，只剩下几座用砖瓦修建的清真寺和几座宫殿。然后他驱赶不花剌人去攻打内堡。双方展开了激烈的争夺。堡外，射石机矗立，箭石齐发；堡内，架起弩炮，不停地还击。双方都使用了喷射石油的火油筒。最后，守军陷入了绝境：堡前壕沟被石头与尸体填平了。蒙古人在"哈沙儿"队的协助下，夺下了堡前的斜坡，放火烧掉了内堡的城门。不花剌的显贵和算端的近臣们，由于身份高贵，以前没有用腿走过路，如今却成了阶下囚。

　　内堡的反抗肃清后，成吉思汗下令把城墙和外垒都荡为平川，所有的居民都被集中到郊外的平原上，突厥、康里人活下来的只有凭运气，因为蒙古人规定：只准高不过鞭杆的孩子活下来，3 万多男子被杀死了，妇女和孩子被押走当了奴隶，其他城民中适宜服役的青壮年都被强征入"哈沙儿"队，随同蒙古军进攻撒麻耳干和其他城市。

　　当时，有一个人在不花剌陷落后逃到了呼罗珊，人们向他打听不花剌的命运，他说："他们到来，他们破坏，他们焚烧，他们杀戮，他们抢劫，然后他们离去。"这就是成吉思汗攻占不花剌时的基本情况，它反映了他成大事的手段。

≫ 奋力而起，显出一身胆量

胆量能够决定成败。对于铁木真来说，他能在最危急的时刻，奋力而起，果断出击，充分显示出一身胆量。

1204 年夏 4 月 16 日，铁木真祭旗出征，以哲别、忽必来二人为先锋，沿怯绿涟河前进。他们一路游牧，一路打猎，等到达乃蛮边界的撒阿里一带时，已经到了当年秋天。

太阳汗率领军队越过阿尔泰山，设营于杭海山一带。蒙古草原上被铁木真打败了的各部旧贵族几乎都集合到太阳汗周围，其中有札木合、蔑儿乞部的脱脱父子，克烈部的阿邻太石，斡亦剌部的忽都合别乞，以及朵儿边、塔塔儿、合答斤、山只昆等部的遗民，兵强马壮，军势颇盛，太阳汗也自以为稳操胜券。

在斡耳寒河一带，铁木真的先锋军与乃蛮部的巡逻部队遭遇，双方互相角逐。铁木真的一个士兵骑着一匹浅色瘦马，马鞍翻坠到马腹下，战马受惊，误入乃蛮营地，被乃蛮人捉住。乃蛮人见蒙古的战马这样瘦弱，连马鞍都驮不住，不免暗自庆幸。

不久，铁木真率领中军来到前线，他采纳了朵歹扯儿必的建议：让各个营帐之间拉开较大的距离，布置了许多疑兵，尽量让自己的军队布满撒阿里之野。晚上，让每人各点 5 堆火，造成人马众多的假象。乃蛮的巡逻队惊得目瞪口呆，赶紧向驻扎在合池儿水的太阳汗报告："蒙古军的营帐已布满撒阿里之野，而且似乎有增无已，其营火多于星辰！"

太阳汗前后接到两个相反的情报，也不免进行了一番思索，派人通知自己的儿子屈出律，准备向后撤退，说："蒙古的战马消瘦，但营火却多于繁星。我们今天与他们交战，肯定难解难分。我听说蒙古人性情刚狠，意志坚强，在两军阵前，杀人不眨眼，受伤不叫痛，即使脸被刺破，黑血涌流，他们也不会临阵脱逃。与这种人交战，肯定难占上风。目前他们远来疲惫，战马已瘦，我们不如率军越过金山，摆好阵势。以斗狗的办法，且战且走，诱敌深入，相机而战。等到达金山前麓时，蒙古一定人马疲惫，而我们却把肥马消腹，更加轻健，以逸待劳，正适宜作战。然后再向他们发动总攻，刀、枪、弓箭一齐反击，这样就能取得全胜。"

当时屈出律刚 20 岁出头，血气方刚，根本听不进太阳汗的意见，反而当着使臣的面，将太阳汗奚落了一顿："巾帼中的太阳汗又心怯了，所以才说出这种话。那么多蒙古人是从哪里来的呢？蒙古的大部分，不是与札木合一起在我们这里吗？铁木真从哪里增兵呢？我这位父罕从小生长深宫，连孕妇更衣处、牛犊吃草处都没有到过，刚听说敌人来了就害怕了，真像是个妇人啊！"

太阳汗的使臣向太阳汗如实汇报了屈出律的反应，太阳汗气得火冒三丈，但又无可奈何。他手下的大将豁里·速别出对太阳汗临阵怯敌也很不满，说："过去，你父亲亦难赤必勒格汗，率领群臣与强敌对阵，从来是勇战无回的。不使敌人看见男儿的后背，战马的马尾。您现在年富力强，为什么这样心虚胆怯呢？早知如此，还不如让古儿别速统帅军队呢！就在几年前，可克薛兀撒卜刺黑就曾打败过王罕、铁木真的联军，可惜他今天已经老了。大概是蒙古人的运气快来了，像您这样怯懦无能，我们乃蛮还有什么希望呢？"说完，叹了口气，掉转马头，怒冲冲地走开了。

这一下太阳汗也被激怒了，对左右人说："男儿百年，终有一死。七尺之躯，辛劳一生，谁敢独辞！这些人口出大言，我们也不怕舍死一战！"于是命令中军部队马上开到前沿阵地，准备战斗。

铁木真见乃蛮的主力已经来了，立刻传达了作战命令，要求大家上马迎敌，要摆成大海一样的阵势，从四面八方进行包围；要像用凿子攻木材一样，长驱直入，直逼敌人的中军。铁木真亲自任先锋，由合撒儿率领中军，帖木格斡赤斤负责后卫，乃蛮的军队从察乞儿马兀惕退到纳忽崖前，沿山麓摆下阵势。铁木真的军队发动了全面进攻。

太阳汗发现蒙古军队作战十分勇猛，乃蛮人被逼得步步倒退，他站在纳忽崖前向札木合详细询问各支蒙古军队的情况："那几个如狼驱羊群，在那里冲锋的人是谁？""那就是铁木真安答用人肉喂养的，用铁链拴着的四狗。"札木合只看了一眼，就认出了他们几个人。所谓"四狗"，汉语即为四员虎将，札木合说："他们头如铜，心如铁，舌如锥，牙如凿，鞭如环刀。他们食露乘风而行。争战之日，则以人肉为食。他们名叫哲别、忽必来、者勒蔑、速不台。"

太阳汗有些害怕了，说："咦！我们还是离他远点，免得受他们凌辱。"于是从崖前后退，将阵地移上了山坡。太阳汗发现，在他们背后，有一些人结阵绕行而来，太阳汗又问："那是一些什么人？他们好像早晨放出的小狗，围着母狗吃奶，然后又绕在四周。你看他们大队人马摆开圆阵，团团急行，他们是哪个氏族的？"札木合一看对方的领旗，马上又认出来了，说："他们是专门驱赶拿着武器的好汉，能杀死他们而夺取财物的人；他们就是蒙古部能征惯战的兀鲁兀惕、忙忽惕氏。今天他们大概不高兴，所以才结阵而来。"

太阳汗听说后又吓了一跳，说："咦！我们再离他们远点，免得他们冲到我身边。"于是将中军大营继续向另一个山头移动。太阳汗不是指挥军队冲锋陷阵，而是指挥部队节节后退，但蒙古军队却是步步进逼。太阳汗又问札木合："那个从后边杀来，如饿鹰捕食，奋勇当先的人是谁？"札木合向太阳汗所指的方向望去，一眼就看到了自为先锋的铁木真，说："那就是我的铁木真安答！他浑身上下以生铜铸成，用铁锥刺他也找不到空隙；他从头到脚用熟铁锻成，用铁针扎他也找不到纹缝。这就是鞑靼的统帅，您仔细看看吧！"

太阳汗见铁木真手持长矛横冲直撞，如入无人之境，吓出了一身冷汗，说："咦！太可怕了，还是登山列阵吧！"于是中军大帐又向更高的山头移去。每看见一个蒙古将领，每杀来一支蒙古军队，太阳汗就向札木合打听。札木合绘声绘色地向他介绍那些蒙古人，其中不免有许多言过其实的吹嘘。但太阳汗亲眼看见了蒙古军的勇猛冲杀，早已被吓得丧魂落魄、手足无措了，完全丧失了胜利的信心。从他口中发出的军令只一个字："退！退！退！"他的中军大营很快就移到了山顶，已经无路可退了。札木合一看太阳汗还比不上克烈部的老王罕，于是设法离开了乃蛮的阵地，又派人向铁木真透露了乃蛮部的情况，说："太阳汗已被我的大话吓昏了，跑到最高处去了。安答应努力，我要离开乃蛮了。"

经过一天的战斗，铁木真的军队将纳忽崖团团围住，夜间结阵宿营。乃蛮人害怕在阵地被攻破后成为蒙古人的刀下之鬼，那天夜里，许多人争先恐后地从山上逃跑。结果，不少人滚落壑底，堆垒狼藉，跌碎筋骨，积如烂木，相压而死。第二天早晨，铁木真就讨平了太阳汗。自恃英勇无敌的屈出律不顾太阳汗的死活，带少数人逃走了。太阳汗本人被蒙古军射中要害，躲在难以攀登上去的山坡上，豁里·速别出等几个将领守在他身边。他尽管费尽气力想爬起来再指挥战斗，但由于伤势沉重无能为力。豁里·速别出对其他将领说："等一等，让我来说几句话吧，我的话也许能使他振作起来。"于是豁里·速别出走到太阳汗身边，对他说道："太阳汗啊，爬起来吧，让我们一起去厮杀！"他听了这些话，却一动不动。豁里·速别出又说："太阳汗啊，你的哈敦们，起来，我们到她们那里去吧！"这些话他也听到了，但他仍然一动不动，他实在爬不起来了。豁里·速别出对其他将领说："只要他还有半点力气，他总会动一动或回答我们的。为了使他的灵魂得到安息，让我们在他面前厮杀吧，让他看着我们战死吧。"于是他们拿起武器，下了山坡，与蒙古人展开激战。铁木真想活捉他们，但无论如何不能达到目的，最后他们全部战死。铁木真很惊奇，没想到步步后退的太阳汗还有这样坚贞不屈的将士，铁木真说："有这种人，还有什么可悲伤的呢。"

≫ 盯住人生大方向，一切皆无所谓

人生大方向是引导一个人向前奋进的动力。对于成吉思汗，他的个性是置个人生死安危于不顾，一定要靠近自己确定的人生大方向，这种胆量和决心常常是惊人的，表明一个强者对自己实力的认可和自信。

西夏纳女求和时曾与成吉思汗立下重誓："皇帝如果征伐女真，我将作你的右手；如果征伐回族（花剌子模），我将作你的左手。"1218年，成吉思汗出兵西辽，讨伐屈出律，派使者去西夏征兵，"请做我们的左手吧。"西夏国王李遵顼还没有来得及回答，他的大臣就抢先说道："自己没有力量还硬称可汗，这成什么体统！既想灭亡别人，何必向他人求援！"成吉思汗不能忍受这种侮辱，在西征之前曾派出一支军队向西夏问罪，包围了中兴府。李遵顼逃奔西凉，派人求降。成吉思汗决定暂时放下西夏，集中兵力西征，当众宣布说："倘若长生天护祐，从回族处得胜归来时，却再理会！"准备在西征胜利后再与西夏算账。

1223年，负责偏师经营金国的木华黎率兵进攻金国的凤翔，西夏军队也参加了这次战役。由于蒙古军队长期不能取胜，西夏统兵官中途率兵离去。木华黎派使者责问，李遵顼害怕蒙军再攻西夏，赶紧让位给次子李德旺。李德旺见成吉思汗征伐西域，几年未归，南征主将木桦黎不久又病死，于是乘机和漠北各部联系，企图与蒙古对抗。

1224 年秋，木华黎之子孛鲁根据成吉思汗的密旨，率军攻破银川，杀死西夏军几万人，俘虏了西夏大将塔海，掳掠人口、牛羊马驼数十万。

成吉思汗回师前，西夏抗蒙派得势，金国也重新整顿兵力，收复了部分失地。两国君臣看到互相残杀对双方都不利，决定联合起来对付蒙古，他们订立了盟约，互称兄弟之国，同意相互支援。成吉思汗对西夏叛蒙附金十分气愤，他认为：只有先征服西夏才能摆脱腹背受敌的被动局面。西夏地处金国西方，居于黄河上流，占领了西夏，蒙古军就可以居高临下，直插金国的中央所在地河南一带。为此，在回师蒙古草原的当年（1225 年）秋天，成吉思汗不顾 7 年西征的疲劳、以 60 多岁的高龄，亲自率军讨伐西夏。

在进军途中，成吉思汗进行围猎。忽然，一群野马冲散了蒙古骑兵，成吉思汗乘坐的那匹赤兔马惊叫跳跃，将成吉思汗掀下马背。成吉思汗受伤，夜里就发起高烧来了。诸子和群臣为了照顾成吉思汗的身体，建议暂时退兵，有人说："唐兀（西夏）百姓，住在城邑中，有不动的营地，他们不能丢掉筑好的城邑逃走，不能背负不动的营地离去。我们不妨暂时退兵，等可汗退烧后，再征伐他们也不迟。"但成吉思汗却不甘心无功而返，派使者去西夏招降。西夏大臣对蒙古使者说："你们蒙古如果以为惯战而欲战，则我有贺兰山的营地，有房，有骆驼，你们可以到贺兰山来，我与你们在那里会战。如果你们需要金银缎匹财物，则可奔额里合牙（银川），额里折兀（西凉，今武威西北）。"这就是说，欲战欲抢，悉听尊便，老子不怕。西夏面对强敌，不甘示弱，志气固然可嘉。但只顾说大话，却不考虑敌强我弱的具体情况，也没有切实可行的抗战措施，这就有点不自量力了。西夏本来就是一个小国，它之所以能存在近200年，除去自己有一定兵力外，主要是利用辽、金、宋之间的互相争战，时而联此击彼，时而联彼击此，或对双方都称臣降服。能战则战，不能战则和，这样才维持下来了。德旺君臣不顾大局，错过了一次重要的议和机会。成吉思汗听说西夏人出言不逊，非常生气，说："听他说这种大话，我们怎么能退兵呢？即使我死了，也要就其言而伐之！"

1226年春，成吉思汗命令蒙古军分两路进入西夏。西路军先后攻占了沙州、肃州、甘州等地。与此同时，成吉思汗率蒙军主力从北方直入西夏境内。黄河岸边有许多小湖，当时湖面的坚冰还没有融化，成吉思汗驻马冰上，下令发箭射敌人的脚部，不让他们从冰上前进，敌人应弦而倒。他们杀死了许多西夏人，3月攻占了黑水城（狼山西口），进军至贺兰山。那年秋天，他们又攻占了西凉府等地，越过沙漠，前进到黄河九渡。

那年十月，西夏的首都中兴府一片混乱，战败的消息不断传人，告急的文书像雪片般飞来，朝中要兵无兵，要将无将，捉襟见肘，顾此失彼，夏主李德旺一筹莫展，在惊惧中死去。朝中大臣立他的侄子李观为国主。1226年11月，成吉思汗进攻灵州，西夏人拼凑了10万大军，派那位曾被蒙古俘虏的人去支援灵州，成吉思汗亲自出战，大败援军，攻下了灵州，12月，包围中兴府。经过一年的连续作战，西夏失去了抵抗的力量，灭亡的日子已经为期不远了。

1227年春，成吉思汗只留下一部分军队围攻西夏首都中兴府，自己率主力南下进入金国，攻下了积石州、临洮府以及洮州、河州、西宁、德顺等州。然后去六盘山驻夏。金朝国王曾派使者去六盘山，送来礼物请降，礼物中有一大盘珍珠。成吉思汗下令将珍珠赏给耳上穿孔的人，每人一颗。当时耳上没有穿孔的人马上在耳上穿了孔，所有的人都得到了珍珠，但珍珠还剩下不少。成吉思汗把盘中的珍珠撒在地上，让人们去捡，作为对将士的赏赐。许多珍珠埋在尘土里，很久以后还有人捡到。6月，成吉思汗进至清水县。他派出身西夏的将领察罕入中兴府谕降。西夏末帝李𥅴见西夏国力已尽，表示愿意投降，派使者去见成吉思汗，希望能宽限一个月，然后再献城。成吉思汗答应了这一要求。

自从落马跌伤以后，成吉思汗的体质已大不如从前了，一年多的征战操劳使他的身体受到进一步的损害。1227年8月18日，他终于因气候不良而生了一种热病，大概属于斑疹伤寒。成吉思汗预感到这是一种不治之症，赶快命令几个儿子到自己身边，向他们留下了3条遗嘱。成吉思汗说："我的病势沉重，医治乏术，因此，说实话，你们需有人保卫国威和帝位，支持这根基坚实的宝座。如果你们个个都想成为可汗，都想当皇帝，不相互谦让，那就会重演其他各国自相残杀的故事。如果你们想过安乐幸福的生活，享受权利和富贵的果实，那么就请你们按我的意见办：窝阔台在你们当中尤为出众，他雄才大略，足智多谋，由他继我登位，让他出谋划策，统帅军队和百姓，保卫国家和疆域。假如你们同意我的意见，请你们当面立下文书。"窝阔台的弟兄们，包括非嫡亲兄弟都遵照成吉思汗的圣训，立下了文书。

然后成吉思汗又说："金国的精兵驻扎在潼关，南据山脉，北到大河，很难攻破。倘若向宋朝借路，宋金世仇，一定能答应我们。这样就可以从唐、邓出兵，直捣大梁（开封）。这时金朝会命令潼关守军增援，但以数万之众千里赴援，人马疲惫，虽然赶到了也不能作战，这样就可以攻破金国。"

说完以后，他命令诸将入帐，说出了第三条遗言："唐兀主已约定投降日期，我死以后要秘不发丧。等唐兀主出城来降时，将他捉住杀掉。"

8月25日（农历七月十二日），成吉思汗死于清水县的军营中，终年66岁。诸将遵照成吉思汗遗嘱，秘不发丧。3天后，西夏国王献城投降，被蒙古军杀死。成吉思汗曾说：即使我死了，也要灭掉西夏。事情仅仅过了一年多，成吉思汗死了，西夏也随之灭亡了，这恐怕也是历史的巧合吧。

西夏投降以后，蒙古诸将护送成吉思汗灵柩返回三河源头。为了不让人们知道成吉思汗已死的秘密，他们一路上只要遇到行人便统统杀死。士卒们在杀人时，口中还念念有词："往侍吾主。"意思是说让这些无辜的人们死后再去侍候成吉思汗。据说灵车走在路上突然深陷，几匹骏马也不能拉动。这时人们唱起了歌颂成吉思汗的挽歌，告诉他："您的伟绩像遮天盖日的鹰羽，如今已传遍四方；您的蒙古亲族们，正在遥远的地方痛哭；您的伟大的国土故乡，您的福地的山水，都在那儿等待您；您应该让不断作响的大车载着您的灵柩缓行，允许我们将您宝玉般的灵柩护送回去。"歌声未落，大车果真继续前进了。当灵柩悄悄地运到克鲁伦河的大斡耳朵时，才开始公布成吉思汗的死讯。成吉思汗的灵柩依次陈列，主持葬礼的拖雷分别向诸王、公主、统将等发出讣告，要求他们尽快赶到三河源头来参加成吉思汗的葬礼。他们从各自的领地出发，距离最远的，3个月后才来到蒙古的大本营。

拖雷首先召集诸王、诸将举行了库力尔台，根据成吉思汗的遗嘱推举窝阔台为可汗，然后为成吉思汗举行了隆重的安葬仪式。他们搭了一个巨大的帐篷，帐内放了一个木座。又用两块榕木，中间凿空，似人形大小，将成吉思汗的遗体安放在里面，涂上一层油漆，用3个黄金圈固定。这就是成吉思汗的棺木。棺木停放在帐中的木座上，木座前上摆了一张木桌，桌上摆满了丰盛的祭品，其中有肥美的整羊，香甜的牛奶，崭新的钱币、皮货及各种衣物，还有一匹上等的母马和一匹最好的公马拴在帐内。同时又从诸那颜家中，挑选了40名容貌可爱、性格温和、美中带甜、顾盼多姿、举止优美、起坐文雅的月儿般的处女，身穿漂亮的服装，头戴首饰，遍体珠玉，站在大帐的两厢。所有这些都是成吉思汗的随葬品。当时的蒙古人迷信鬼神，认为人死后也和活着时一样，死去的大汗也得有帐篷居住，要有丰盛的饮食，要有穿有用，还要有一匹公马以供骑乘，一匹母马以供产驹，更要有美丽的侍女陪伴侍候，为他消愁解闷。

葬礼开始后，拖雷首先向成吉思汗的遗体敬酒3杯，然后大家随着雄壮悦耳的音乐高唱《出征歌》和《苏鲁锭歌》。歌声终于盖过了哭泣声，在人们的眼前涌现出成吉思汗身骑高头大马，手持黄杆红缨长矛，纵横驰骋，所向无敌的威武形象。从此，成吉思汗的长矛（苏鲁锭）就一直陈列在成吉思汗陵墓的正殿上，每年三月十七日蒙古人都举行祭奠苏鲁锭的盛会，祭悼这位草原上的强者！

柒 深算与借胜

不到位的事不能出手

- 有时候，光算还不行，还必须深算——不到位的事不能随意出手，而是要具体到一个"点"上，做最有把握的事。
- 耶律楚材眼算开阔，以势变为法，以局变为谋，常能看到借胜的益处。这一点是超出常人的，也是他谋定大事的绝道。

≫ 把自己变成一条龙

所谓龙，常指能成大事者。一个人想把自己变成一条龙，一定是心中有大事计划，力图成就一生伟业，耶律楚材在这一点上非常突出，能够凭才智行天下。

耶律楚材（1190—1244），契丹族，字晋卿，生于金朝中都燕京（今北京），为辽东丹王突欲的八世孙。其父耶律履，本是金代的学者，因其品学兼优，曾仕金世宗，官至尚书右丞。耶律楚材 3 岁时，父亲去世，这对他的成长有很大影响，幸得其母杨氏良好的书礼教育，加上他天资聪颖，自幼勤学苦读，博览群书，待至青年时期，就已在天文、地理、律历、术数等方面有很深造诣。他深谙儒学，修以佛道，精于医卜之说。他还多才多艺，善抚琴，好吟咏。由于很早就接受"汉化"，工于汉文，所以，用汉文写作挥洒自如，而且才思敏捷，下笔成文，出口成章，极其自然纯熟。

耶律楚材成长在乱世中。当时，整个中国正处在元朝大一统之前的列国纷争阶段，大金国最为强盛，占据中原，统治着北中国。但时过境迁，它的全盛时期已过，国势一年不如一年了。南宋王朝虽是偏安于江左，但一刻也没忘记北上收复失地，不时地向北方挑战。立国甘宁陕的西夏，也对称霸中国怀有野心，乘机与南宋结交，在西北方向侵扰。真是诸强对峙，战事频生。此时，金国西北部的附庸蒙古族也乘机崛起，铁木真自被本部族推举为首领后，经过连年的征战，统一了蒙古。金章宗太和六年（1206年）成为全蒙古的"汗"（皇帝），尊称成吉思汗，是为元太祖。这个新起的蒙古，更是野心勃勃，在北方不断地向金国发动进攻。金国对其咄咄逼人之势难于应付。

就在这一年，耶律楚材17岁，他可以出仕了。按照当时金国的规矩，他这个宰相之子享有赐补省掾（协助政府部门长官掌管文书、处理日常事务）官职的特权。可是他本人希冀参加正规的进士科举考试。章宗认为旧的制度虽然不可更改，但是考试更可以发现人才，于是敕令他应期参加考试。在应试的17人中，耶律楚材风骚独占，掾吏之职自然探囊取物。从此，他便步入政界。此后，他还曾任职开州同知。

成吉思汗的蒙古军事政权确立后，靠着他强大的军事实力，开始向四邻征讨。为了免于受到西夏的牵制，成吉思汗决定在攻金之前，先用兵西夏。1205—1209年间，成吉思汗对西夏攻伐三次，大大地削弱了西夏的力量，使之没有出外征战的能力了。接着，经过周密部署后，从1211年起，成吉思汗便大举进兵金国。已走下坡路却一意图谋压服南宋的金国，哪里是成吉思汗的对手，蒙军"所至都邑，皆一鼓而下"、"凡破九十余郡"，直到兵临金国中都燕京城下。

金宣宗贞祐二年（1214年），金主完颜永济为了躲避蒙军南下的胁迫，一面委送其女入蒙，以和亲争得金国喘息的时间。同时，决定把首都南迁至汴（今河南开封）。耶律楚材的全家随之南下，只有他本人被任命为左右司马员外郎，职掌尚书六部日常奏章，辅佐金国右丞相完颜承晖留守在中都燕京，时年24岁。

成吉思汗十年（1215年）五月，围攻燕京年余的蒙军，一举攻克燕京，右丞相完颜承晖自尽殉国，耶律楚材眼看金朝的大势已去，于是在城陷之后，便"将功名之心束之高阁"，空怀经天纬地的才识绝迹于世，弃俗投佛，在万松老人（行秀）门下钻研佛理，历时三年。艰难的世事，磨砺了耶律楚材，他等待着时局的发展，等待着实现壮志的机会。

成吉思汗十三年（1218 年），机会终于来到。成吉思汗既定燕地，他逐渐感到人才的重要，这时他听说耶律楚材是位难得的人才，而且又是被金国所灭、与金国有仇的原辽国宗室后裔，便遣人求之，问询治国大计。

耶律楚材虽然修身养性，过着隐居的生活，然而他时刻也没忘掉干戈扰攘、生灵涂炭的神州大地，极想依凭靠山，伸出双手去拯救水火中的苍生。得知有雄才大略的成吉思汗要召见他，感到是一个图谋进取的好机缘。他二话没说，即刻应召前往，以便使自己的盖世才华得以施展。有一首自咏诗可以表明他此时的心迹：

> 圣主得中原，明诏求王佐。
>
> 胡然北海游，不得南阳卧。

耶律楚材身材魁梧，髯长鬓美，极其勇武。回答成吉思汗的询问，更是声音洪亮而流畅。成吉思汗说道："辽金世仇，我要为你洗雪国仇家恨。"耶律楚材的回答十分得体："那是以前的事了。我的祖父已经入侍金朝，既然做了臣下，怎敢和君主为仇？"成吉思汗对他的回答非常满意，认为这个人重君臣之情，又遵守信义，是值得信任的。便把他留在身边，以备顾问。耶律楚材才学渊博，受到成吉思汗的宠信，并亲切地称他"长胡子"。耶律楚材此时想的是，历史上董仲舒辅佐武帝以"文治"，使得汉家气势恢宏，如今，他也找到了这样的机会。

≫ 有付出就有收获

付出与收获关系可成正比。耶律楚材征行天下，自然是艰辛的付出，但他为自己找到了成功的动因和资本——信任。

成吉思汗十四年（1219 年），蒙古军队在对自己的宗主国金国实施了一系列痛击之后，在军事上完全取得了主动，于是，除了仅用小股兵勇继续对中原金地蚕食鲸吞外，集中精锐之师，进行了有名的西征，攻打花剌子模国。

成吉思汗对西方的征讨，早在 1204 年就开始了。那时主要是征服西辽国，1218 年，成吉思汗最终灭掉西辽，使之领地尽归了蒙古。在征西过程中，中亚大国花剌子模，曾与西辽结过盟，使蒙古与花剌子模两国结下冤恨。近来，花剌子模国王摩诃末又背信弃义，杀死了蒙古派出的使者和骆驼商队，两国又生新恨，这旧恨新仇加在一起，使成吉思汗发誓，非灭掉花剌子模国不可。

在西征开始的前一年春天，成吉思汗专程派人到燕京，召请耶律楚材随军西征。耶律楚材十分激动，认为这是对自己的一个锻炼机会。因此，他即刻收拾好琴剑书籍，慨然上路。从燕京到成吉思汗的军营，相距甚远，且路势险要。但所有这些，都未能阻止耶律楚材决心报答亲顾之恩、践平生壮志的宏心伟愿。他出居庸关，过雁北，穿阴山，越沙漠，经过一百余天的长途跋涉，最终如期到达了目的地。

　　成吉思汗西征出师的这一天，虽时值夏六月，却忽然狂风骤起，阴云密布，转瞬间大雪飘飘。成吉思汗有些疑惧，不知此为何兆。于是立即把耶律楚材召至帐前，卜问吉凶。耶律楚材绝非是庸俗的阴阳先生，他具有相当高的科学水平，他了解日月星辰运行规律，可以测知月食之期，可以修订历法。此刻，他没有简单地按大自然的规律去解释天象，而是以一位精明的政治策略家的思维，把对这种天象的解释添加上政治内容。他巧妙地利用包括成吉思汗在内的蒙古将士对天文、星象知识了解得很肤浅，又非常迷信的心理，以及蒙古军人对花剌子模国的行为义愤填膺、誓死雪耻的决心，毅然断言："隆冬肃杀之气见于盛夏，这正是我主奉天申讨，克敌制胜的好兆头。"成吉思汗希望的就是这种吉相。于是发十万大军，离开也儿的失河（今额尔齐斯河），奔西南越过天山，向花剌子模国杀去。1222 年，蒙古军占领了整个花剌子模和中亚，可谓兵锋西指，所向无敌。

　　此次西征大胜，成吉思汗认为与耶律楚材的卜吉有关。从此，凡他出战，总是必须有耶律楚材随侍身旁，预测吉凶成败，参赞军政大事。耶律楚材也正是利用这种机会，运用自己的文韬武略，发表自己的真知灼见。

　　成吉思汗这个十分骁勇的"一代天骄"面对西征的赫赫战果，自然是崇武轻文。耶律楚材也明白这一点，意欲以文治国，那就应该不失时机地利用每一个"舞文弄墨"的机会，向君主灌输创治天下，绝不可轻视文士作用的道理。西夏人常八斤因擅造弓弩而受成吉思汗的重用，这更增添了这位武夫的自恃。他不把文臣放在眼里，常常当着耶律楚材的面嘲讽说："国家正是用武之际，像你这样的儒者，到底有何用处？"耶律楚材当仁不让，针锋直指地回敬他："制弓须用弓匠，治天下者岂不用治天下匠？"这机智的词锋，巧妙的辩难，引起了成吉思汗内心的深思，是啊，光靠武士虽然可以夺得天下，然而"治天下"时还真得依靠"治天下匠"不可。成吉思汗内心折服。此后，他便常对其子窝阔台说："此人（指楚材）是天赐我家，尔后军国庶政，当悉委他处置。"

在进军花剌子模国过程中，耶律楚材曾力主并负责在塔剌思城（在西辽都城虎思窝鲁朵西）屯田。这个地方是中西交通的要道，且土地肥饶，经济昌盛。这一恢复发展后方社会经济之举，对于只知道打仗、掠夺财富的蒙古军事贵族来说，从军事活动转变到恢复发展社会经济，意义重大。蒙古军也正是以此为基础继续西进的。

1223年夏天，成吉思汗回师驻军铁门关。据说当地人送来一只怪兽，独角，身形似鹿，尾巴同马，全身绿色，嘶鸣声咿唔又似人言。成吉思汗感到惊奇，询问耶律楚材。耶律楚材便从此次西征军事、政治目的均已达到，应尽快结束战事的大前提出发，依据古书上的介绍，借题发挥说："这种兽名叫角端，它的出现表示吉祥。它能作人言，厌恶生杀害命。刚才的叫意是大汗你应该早点回国了。皇帝是上天的长子，天下的老百姓都是皇帝的儿子，愿大汗秉承上天的旨意，保全天下老百姓。"成吉思汗听罢，立刻决定结束此次西征，班师回国。

1224年，成吉思汗仍取道原来的路线返回。在成吉思汗西征之前，曾向西夏征发军队帮助西征，西夏拒不出兵，成吉思汗当时无暇征伐西夏，发誓日后一定要给予惩戒。当西征归途中，又获悉西夏与金国缔结和约，无疑等于火上浇油，成吉思汗立即决定征讨西夏。1226年秋，成吉思汗开始了对西夏的征讨。蒙古军很快就攻克了甘州（张掖）、凉州（武威）、肃州（酒泉），当年冬天，攻克灵州（今宁夏灵武县）。灵州之战，西夏主力消耗殆尽，城陷后，西夏的首都中兴府已成了空架子。1227 年 6 月，夏主请降，西夏至此灭之。在攻打灵州这个西夏的军事重镇时，破城之后，蒙军众将士，无不抢掠女子、财物，独有耶律楚材却取书数部，大黄药材数担。同僚们对他的行为甚是不解。不久，兵士们因历夏经冬，风餐露宿，多得疫病，幸得耶律楚材用大黄配制的药材救命，所活至万人。这件事再一次证明耶律楚材慧眼独具，见识广远。

　　耶律楚材随成吉思汗九年，其间战争时间达七年之久。戎马倥偬，驰骋异域的环境，使得耶律楚材难以展尽自己的全部才华，英雄无用武之地的冷落感，萌生在他的思想深处。然而，他坚信，实现美好的愿望，以儒术佐政兴国的一天，终会来到的。

≫ 大胆支持，全心专注在一点上

一个人去支持别人，如同时能为自己开辟一生通道。耶律楚材即使这样，他大胆支持，全心辅助，从而赢得了别人的高度赞誉。这种赞誉就是成功的资本。

成吉思汗二十二年（1227 年）的冬天，耶律楚材终于回到了燕京。在此前，蒙古军事帝国效力于西土战事，对那些业已归顺蒙古的州郡缺乏完善的社会组织和法律制度，所以，派往各州郡的长官，常常是任情掠夺，兼并土地，有的竟随意杀人。其中，燕京留守长官石抹咸得卜尤为贪暴，所杀示众之人头，挂满了市场。面对如此混乱的国情，耶律楚材非常焦急。他从巩固蒙古国长期统治的大计着手，立即奏请成吉思汗下诏颁律，控制社会的混乱局面。禁令颁出，即：各州郡如果没有奉到盖有皇帝玉玺的文书，不得随便向人民征取财物；死罪必须上呈国家批准。凡违背此项命令的，其罪当死，决不轻饶。由于此法得体，切中时弊，且惩治条文分明，使贪婪暴虐之风有所收敛，社会秩序初步稳定下来。

这一年，成吉思汗病逝。按照蒙古的惯例，成吉思汗的四子拖雷获得其父的直接领地，即斡难河及客鲁连河流域一带蒙古本部地方，并且代理国政，是为元睿宗。

　　在睿宗监国期间，燕京城中社会秩序一度动荡，有一大批凶恶的强徒，恃强暴夺，每天傍晚，尚未天黑，这些盗贼竟拉上牛车径往富户人家，去掠取财物。若尽其恶求，便掠财就走，如若稍有不从，就会惨遭杀戮，闹得人心惶惶，国无宁日。睿宗对此有所闻，认为只有耶律楚材可以处理好这件事。于是，特遣耶律楚材和中使塔察儿前往究治。耶律楚材清楚，这些杀人越货之徒，如此猖狂，谁也不敢阻拦追究，是大有来头的，因而处理起来会有很多麻烦。但他仍毅然前去查办。耶律楚材经过仔细查询，很快便弄清了这些强徒都是燕京留守的亲属及一些豪强子弟。耶律楚材在掌握大量的证据基础上，斩钉截铁地将触禁者一一缉拿归案，然后拟出法办意见。此刻，这些恶徒的亲族都傻了眼，他们清楚耶律楚材执法不避权贵，又不屑钱财，要想减免刑罚，只有把希望寄托在暗中贿赂中使塔察儿身上，以从轻发落。很快，耶律楚材便得知这一情况，他找到塔察儿，与之晓以大义，指陈利害。他指出此事并非个人恩怨，而是关系到社会的安定，国家的前途，若出以私心，处理得不妥，对君主与平民都无法交代。塔察儿听罢惊惧，深知有错，并情愿悉听楚材发落。耶律楚材见他知错能改，便继续同他一起对罪犯遂一审查，依法各有处置。其中十六个罪恶昭彰、民愤最大的首犯，绑赴刑场，枭首于市。从此，巨盗绝迹，燕京秩序得以控制。

　　这两件事，在一定程度上，表现了耶律楚材治国的才干，因而在高层统治集团中，更加增强了对他的信任。

　　1229 年，睿宗拖雷已监国两年，依照成吉思汗的遗命，帝位应继传太祖三子窝阔台，但此时没有任何迹象表明拖雷将移权。作为一个有智谋的辅弼，耶律楚材清醒地认识到，汗位虚悬或错置，于国于民都不利。在最高权柄面前，古往今来，骨肉之间其豆相煎之事并非罕见。除拖雷外，窝阔台还有个兄长察合台。此人向来性情缜密，为众人畏惧，也是汗位的有力竞争者。假若三人真的计较起来，彼此不让，结党营私，岂不断送了国运？所以，耶律楚材与窝阔台面议，商议尽快召开"库里尔泰会"，决议汗位。窝阔台嗣位，早经成吉思汗亲口布告，为什么还要召开大会，经过公认呢？这是因为，成吉思汗曾有一条制立的法制：凡蒙古大汗，如当新旧交续之时，必须经王族诸将，及所属各部酋长，召开公会，议定之后，方可继登汗位。

是年秋天，成吉思汗本支亲王、亲族聚集克鲁伦河畔议定汗位的承继人。会议开了四十天，仍是议而未决。耶律楚材认为此事不可久拖了，便亲身力谏拖雷："推举大汗，这是宗庙社稷的大计，应该早日确定。"拖雷仍说："意见不统一，是否再等几天。"耶律楚材听罢，十分坚定地说："此期不可变，一过此日，再也没有吉祥的日子了。"拖雷不好再拖下去，这样，窝阔台就即了汗位。蒙古进入了太宗时代。

登基朝仪，是耶律楚材精心拟制的。在此之前，蒙古族部落乃至蒙古国是没有朝拜仪式的。旧制简单，未足表示尊严。为了确保朝仪的顺利进行，事先，耶律楚材选中了察合台亲王，作为带头执行者。楚材对他说："王虽是皇帝的哥哥，但也是个臣子，理应对皇帝以礼下拜。若你下拜，做了一个臣子应该做的事，那么就没有人会有异议了。"察合台觉得此话有理，在正式的登基大典上，便率领众皇族和臣僚跪拜廷下。这样，耶律楚材一举除掉了蒙古国众首领不相统属的陋习，制定了尊卑礼节，严肃了皇帝的威仪。盛典进行得非常顺利。会后，察合台颇有感触，对耶律楚材称赞道："你真是国家的贤臣呵！"

对于这些粗犷成性、散漫惯了的蒙古君臣，尽管有了讲究礼仪的好开端，但在日常的执行过程中，有许多人仍难以适应，就连朝会有些人

也误期甚至乱来。为此，窝阔台打算惩治那些违制的臣子。耶律楚材认
为时机尚未成熟，过于严厉，贸然从事，会引起动乱。他巧妙地进奏说：
"陛下刚刚即位，宜暂示宽宥。"窝阔台采纳了他的意见，从轻发落了违
者，果然效果很好。这样恩威并用，反复整顿，是耶律楚材维护并逐渐
健全朝廷礼制颇为英明的做法。

≫ 做好事情是一种责任

做事情必须有责任心，否则就是滥竽充数。耶律楚材在这一点上可谓尽心尽责，总能从长远考虑问题，完善不足之处。

蒙古帝国在成吉思汗时代，才进入到奴隶制社会，窝阔台即位以后，其管理的领域，多为已经进入封建社会的北中国，所以，这位少主在治理国家上显得力不从心，加上应兴应革的事太多，真是一时摸不着头脑。此时，全靠耶律楚材竭尽全力，定国策，立制度，出台了一系列应急的法令，加速了这一民族的封建化进程。

在颁发法令之前，首先规定了既往不咎的政策。对那些因法律不明，而误触禁网，按当时的老规矩必杀无疑的百姓们，不追究颁发政策前的法律责任，或给予从轻处置。这是抑制蒙古一向滥杀无辜，因获某种罪过而死者不计其数的行之有效的办法。同阁的一些臣僚嘲讽他，说此举实过迂阔。耶律楚材不为所动，力排众议，反复而耐心地把得民心者得天下的道理讲给太宗听，终得圣准。此项政策的实施，安定了人心。

接着，耶律楚材便制定颁发了十八项法令，成为众民遵守执行的准绳。包括官吏设置、军民分治、赋役征收、财政管理、刑法执行等。这些采撷自中原的先进制度，列为蒙古国策的法令，可以说是历史性的决策，为后来正式确立的元代政治制度奠定了基础。这样，不仅遏制了军官的骄横不法，同时也打击了分裂割据的势力，保证了国家政治上的巩固和统一。此项法令，一直作为元朝的一项基本国策沿袭。

蒙古贵族崇尚武力，根本没有税制观念，他们看不到这样下去会兵强而国蹙。以近臣别迭为代表的人主张，以牧业为主来保证国用，认为"汉人无补于国，可悉空其人以为牧地。"耶律楚材极力反对这种将燕京农业地区变成牧场的倒行逆施。他深知如今的蒙古国已是一个多民族的国家，应行汉法，大力发展农业，如果保守地强调畜牧业，是狭隘的，不合国情的落后政策。他干脆地给太宗算了一笔账："陛下马上要南征金国，军需从何而来？仅靠畜牧是远远不够的。假使发展燕赵的生产，以地税、商税，及盐、酒、冶铁税，外加山泽之利，可以获利五十万两银，八万匹帛，四十万石粮食，供给南征绰绰有余。这不远胜于变成为牧地吗？"窝阔台经过认真思考，认为不无道理，便命耶律楚材全权筹划，立行征税制度。耶律楚材领旨后，即刻在河北一带建立十路征收税使，遴选汉或女真中德才兼备的士人，如陈时可、赵防等名儒充任。1231年秋天，窝阔台在云中行宫中，面对十路课税使陈列在朝廷之上的金、银、帛、粟等税物，十分高兴，这时他才真正懂得了耶律楚材力求行汉法的好处。他激动地对耶律楚材说："你虽然没离开我左右，却能使国用充足。南国的臣僚中，有谁能比得上你吗？"耶律楚材谦虚地答道："南国的臣僚比我强的人很多。"窝阔台嘉其功劳，赐以美酒。当即下令任命他为中书令（宰相），把典颁、庶务的大权委托给他，且吩咐朝臣，政事不分大小，都要禀报他。他自己也是有事必与耶律楚材商榷，以进一步权衡得失。

随着法制的健全和实施，国家日益兴旺发达起来。但那些自身权益受到侵害的豪强贵族们，到处散布谗言诽谤耶律楚材。有人说："耶律楚材中书令援用亲旧，必有二心，应奏知大汗，斩杀此人。"耶律楚材听了并不与之斤斤计较，他坚信自己的言行是出以公心的。好在窝阔台自有明察，深责其诬。对于谣言传播最恶毒者原燕蓟留守长官石抹咸得卜，太宗命楚材鞫审之。耶律楚材以国事为重，不把个人的恩怨放在心上，宽宏大度地奏请太宗日后再行处置。这种高尚的品德很受太宗的赞赏，私下对侍臣说："楚材不计私仇，真是宽厚的长者。你们应当效法他的为人。"正是耶律楚材精忠为国，处处从大局出发，时时以社稷为重，殚精竭虑，而且长于韬略，才使得蒙古帝国迅速强大起来，政权也得以日益稳固。

捌 绕算与智胜

越隐蔽成功的概率就越大

- 所谓绕算，是指该不硬碰的就闪开。绕可通，通则胜。大凡做事，不如此则为浅薄之举。
- 朱元璋的绕算之道在于：用智谋事，而且用大智算清大局，然后逐步加大成功的概率，给人一种惊心动魄之感。

〉〉 打起一把大伞

当提到"伞"字，可以让人浮想联翩。在人生的许多环节上，牢牢地记住打伞的作用是相当重要的。朱元璋即是一例。

1344 年（至正四年）5 月，暴雨一直下个不停，使得黄河以南白茅堤决口，汹涌的河水淹没了两岸的农田，接着又横灌大运河，冲淹了济南。洪水不仅影响了漕运，对税收大户盐场也构成了威胁，严重地影响了国家的财政收入。以后每年黄河都会发生水灾，国计民生的大事受到严重的威胁，元朝丞相脱脱决定重修河堤，根治水患，使黄河水按原来的河道流。

1351 年（至正十一年）4 月，水利专家贾鲁被任命为工部尚书兼河防使。招集各地民工 15 万，成军 2 万人，治理黄河。十几万民工从黄陵冈（今河南兰考东）开挖，南到白茅堤，西到阳青村，全长 280 余里。主要是疏通河床，使河水东流，回归故道。整个工程耗资数以亿万计。

黄河一再决口，多次泛滥，河两岸的百姓流离失所，家破人亡，本来这里的百姓就不是很多，但就是这些留下来的极少的人们还要遭受瘟疫的折磨。现如今官府又要让他们去挖河，监工和官吏对他们不仅克扣口粮，还常常用鞭子抽打他们，使他们身处绝境受着多种的欺压。河北、河南的广大民工怨声载道，愤怒至极，整个修河的工地上，堆满了仇恨的干柴，只要有一个小小的火星就会迅速地燃烧起来。

"变钞"和"开河"成为农民起义的导火线。当时民间到处传诵着一首《醉太平小令》："堂堂大元，奸佞当权，开河变钞祸根源，惹红军万千。官法滥，刑法重，黎民怨。人吃人，钞买钞，何曾见，贼做官，官做贼，混贤愚，哀哉可怜！"百姓们吟诵着这首词，心中积压的怨气使得他们就要爆炸了，全国到处怨声连绵不断，一场特大的暴风雨就要来临了。

明教教主韩山童和他的徒弟刘福通以及杜遵道、韩咬儿看到时机已到，准备起义。他们事先让人凿了一个石人，脸上只刻了一只眼，并且在石人的背后刻上"莫道石人一只眼，此物一出天下反"的字样，派人悄悄地将石人埋在将要挖掘的黄陵冈沙道上。然后让几百个教徒乔扮成农民模样，到河北、河南一带传唱一首童谣："石人一只眼，挑动黄河天下反。"宣扬天下会大乱，圣明的神会给人们派来一位能够拯救天下苍生于水深火热中的圣灵，一时间，消息传遍燕赵大地，人们急切地盼望着救世主的降临，开工后不久，人们在河道挖出了独眼石人，顿时，整个工地沸腾起来，大家兴高采烈，情绪激昂，人们似乎看到了光明和希望。

韩山童和刘福通等人抓住时机，率领教徒，头裹红巾身穿红色战袍、战衣，打着红色的旗帜，准备起义。不慎消息被泄露了出去，官兵包围了起义军所在地，刘福通率众苦战冲出重围，韩山童不幸被捕牺牲，其家人乘乱逃出重围。刘福通脱身后，马上号召起义军，提前起义了。五月初三，刘福通出其不意率众攻占了颍州、罗山、上蔡、正阳、霍山等地。黄陵冈的民工们得到消息，杀了监工，头上包了红巾，和刘福通领导的主力汇合在一起。

不到十天，起义队伍迅速发展到五六万人，一场轰轰烈烈的红巾军大起义正式爆发了。

1351年（至正十一年）8月，邳州（今江苏邳州市）人李二（又叫芝麻李）与赵均用、彭大等八人伪装成河工，夜至徐州城，智取该城。天亮后树旗募兵，从至十余万，接连攻取宿州（今安徽宿县）、五河、虹县、灵璧，乃至安丰（今安徽寿县）等县。同年十二月，邓州（今河南邓县）布贩王权（又叫布王三）也联合张椿起兵，攻占了河南不少州县，被称为"北琐红军"。1352年（至正十二年）正月，孟海马等人也发动起义，攻占襄阳等地，被称为"南琐红军"。

这些起义的红巾军，全都信奉白莲教，与刘福通的军队为同一系统，统称"北方红巾军"，以刘福通为领袖。

1351年（至正十一年）夏天，彭莹玉在江淮率众起义，响应刘福通。同年8月，邹普胜和徐寿辉在蕲州起兵，10月在蕲水建立政权，国号"宋"，后改天完（取压倒"大元"之意）。不久，天完政权兵分两路：一路攻取武昌、江陵，另一路夺占长江中、下游及浙、闽地区，这支部队同样头裹红巾，亦称红巾军，他们所到之处，不杀不淫、不抢不掠，纪律严格，深受广大百姓拥护。这支军队士气高涨，所到之处，所向披靡。他们开仓放粮，救济百姓，因为他们都在南方一带活动，所以被称为"南方红巾军"。当时大江南北流传着一首民谣：

"天谴魔军杀不平（不公平的人），杀尽不平（不公平的人）方太平。"

1352年（至正十二年）2月，郭子兴、孙德崖带兵攻占濠州，朱元璋的家乡也笼罩在农民起义的浪潮中。

郭子兴是定远县（今安徽定远）有名的大户，原籍曹州（今山东曹县）。他父亲在定远卖卦相命时，娶了当地大地主的瞎女儿为妻，分得一份财产，定居定远，成为当地有名的地主。郭子兴兄弟三人，他排行老二。郭子兴目睹了元朝的腐败，感觉元朝气数已尽，天下将会有变，于是，他把自己家的财产分给贫苦的老百姓和囊中羞涩的侠士，结交了不少的英雄豪杰，带领大家烧香，加入白莲教，刘福通起义后，他决定联合孙德崖等人起兵响应，用了几日的工夫，召集了数万人，2月27日，他带兵趁夜里应外合，一举攻下濠州。

后来部队遭受挫折，朱元璋回到皇觉寺，时时关注着外面的世界，农民起义的声浪越涨越高，而此时的朱元璋却不动声色地观察着风云变化，他已不是那个易于被人左右，易于冲动的少年了，他冷静沉着地分析时事，农民起义的消息传来后，他心里兴奋极了，现在濠州城里来了个郭子兴，而且起义军不断地在扩大，他更加高兴。

这个动荡的时局催促他深思，要他选择，这时元朝派来了一支蒙古军队，这些军官原本是将门后代，累世承袭，平日里花天酒地，从不训练，而且军队腐败不堪，这支队伍原本是来攻打濠州城的，可是他们平日里只知吃喝玩乐，哪里懂得打仗，更何况红巾军的威名远播，官兵上下都惧怕红巾军，所以不敢贸然进攻，为了向上级邀功领赏，于是他们派人每天出去到附近的村子里抓年轻的小伙子，抓来后给他们裹上红布冒充红巾军，算是俘虏，以便交差。老百姓受不了元军的欺压，呼朋唤友，到濠州投奔起义军去了。朱元璋在庙里也很担心，怕自己继续留在庙中会被元军抓去充当红巾军，如果是这样，还不如去濠州投军，况且好友汤和等人都已经参加了起义军，可是濠州城里有五个起义首领，该投奔谁呢？

有一天，汤和让人给朱元璋捎来一封信，说现在兵荒马乱的，在寺庙里待着实在不安全，让他也来参加义军，朱元璋看后，仍然不知如何是好，于是他到村里找周德兴商量，周德兴劝他去濠州投奔义军，并劝朱元璋卜一卦再定。这时他的同房师兄告诉他，濠州捎信一事已经被人发现，元军要抓他，劝他赶紧逃走，寺里待不下去了，正在这时，郭子兴的部下又认为皇觉寺以正统自居，又拥有大片田地，剥削佃户，就一把大火烧了寺庙。朱元璋此时没有退路可走了，决心入濠州城，投奔义军，与其坐以待毙，不如起而反抗，朱元璋焚香磕头问卜，结果逃与留皆不吉。再卜一卦是否应参加义军造反，结果大吉。朱元璋下定决心，夜走濠州城，投奔郭子兴。后来，朱元璋在《皇陵碑》中回忆当时情景："……好友寄来书信，劝我参加义军，心中担忧又恐惧，正在犹豫不定，此事却被别人发觉，声言要告官府。形势急迫，算上一卦结果逃亡和留守皆不吉，只有投军方大吉。"这就是朱元璋高人一等的地方，他向世人表明，他投奔起义军的决心是神灵的启示，他的行为是受命于天，受菩萨保佑的。

1352年（至正十二年）闰三月初一，朱元璋穿着袈裟，来到濠州城下，要求见郭子兴。而濠州城戒备森严，元军在城外三十里处驻扎着，虽然他们不敢轻易攻城，但也是屯营，与红巾军相对峙，故濠州城上、城下哨兵林立，气氛非常紧张。天刚蒙蒙亮，守城义军见一和尚站在城下，非要见郭首领，怀疑他是元军派来的奸细，就派人到城下，不由分说把他绑起来，准备问斩。郭子兴听到报告后，骑着马很快赶到城门，见一个和尚虽然被五花大绑着，却没有一点害怕的样子，依然一副轻松、从容的神情，他身材高大，浑身散发着大无畏的精神。两只耳朵大而有轮，两眼炯炯有神，样子特别威武，郭子兴一见就特别喜欢他，问明白后才知道，他是皇觉寺的和尚，曾经入过教，是好友汤和邀他来参加义军的，郭元帅听后大喜，忙令人给他松绑，收他做了一名步兵，那一年朱元璋25岁。从此，朱元璋开始了他的政治生涯。

》不战而屈人之兵

化敌为友是成功的策略。

郭子兴死后,军中的事务就由郭子兴的儿子郭天叙、妻弟张天佑与朱元璋共同主持,领兵作战自然也是朱元璋。可是,军中不能一日无帅,元军打来怎么办?正在大家着急的时候,大宋政权丞相杜遵道派人前来,大家公推张天佑同派来的使者一同去亳州,商议立帅一事。张天佑不久便带回了小明王的命令,委任郭天叙为都元帅,张天佑为右副元帅,朱元璋为左副元帅。从此,这支军队奉龙凤为正朔,以号令军中。朱元璋对自己屈居第三虽然非常不满意,但是,他考虑到自己这支部队力量尚不够强大,正好可以利用龙凤政权的名号以壮声威,号召、发动和组织群众,发展壮大自己的队伍,也就接受了封号。于是,在和州正式建立起都元帅府。

在和州都元帅府中,郭天叙是主帅,一切军政大事应出自他的手中;但是,天叙太年轻,又没有军事作战经验,难当此重任。张天佑虽然年长,可他有勇无谋,遇到事情又优柔寡断,一点主见都没有。自然和州的军政大事就全凭左副元帅朱元璋料理决断了。和州的队伍,大部分人是朱元璋招募招降组建起来的,又是他亲自训练出来的,所以都听从他的调遣。另外,朱元璋身边还有一批能征善战的心腹,如徐达、汤和、胡大海等战将；还有能为他出谋划策的一群贴己谋士，如李善长、冯国用、范常等。而且朱元璋运筹帷幄，决胜千里，胸有韬略，大智大勇，绝非郭、张能比。朱元璋虽然位居第三，实际上大权牢牢掌握在他手里。他才是军中拿得起、放得下、做得主、说了算的真正主帅。

朱元璋掌握实权以后，对于如何才能牢牢地控制军权。如何支配将领和谋士，确实费了不少的心思。他为了严防文臣武将相互串联勾结，他规定，不准将领们自己选用谋士，所有文臣谋士都是由朱元璋自己选派的。他还规定：每攻克一个城池，就令将官屯守，不允许儒者谋士在将官左右谈古论今，以防下属将官滋长谋求独立发展的机会。同时，每占领一个城池后，就用义子做监军和将军同守。他的义子保儿和大将胡大海被朱元璋指定同守严州，两人曾一度不和。朱元璋知道后，派帐前都指挥使郭颜仁告诫李文忠说："保指挥（保儿）我之亲男，胡大海我之心腹……你必须将此话对文忠说清楚，对胡院判（胡大海的官称）要以真心相待，节制以守之……"由此不难看出，朱元璋派义子和将军同守一个城池，实际上是让义子监视将军，并有节制政权的意思。朱元璋每次出兵打仗，都要求将士们将家属必须留在后方，看起来，好像是要确保他们的安全，实质是让他们留在后方做人质，以免将士投降叛变。这种方法都说明了朱元璋驾驭将士的能力及唯我独尊的封建权威意识正在其脑中萌发。

朱元璋率几万将士驻扎和州，他一直觉得和州城小人多，难以久居。而隔江相望的太平（今安徽当涂），乃要冲之地，东北通集庆（今南京），南邻芜湖，东面的丹阳湖周围是鱼米之乡。从军需和战略两个方面考虑，太平是必取之地。朱元璋把渡江攻取太平向江南发展的想法告诉了李善长，善长极为赞许，但认为条件尚不成熟。偌大的长江，怒涛汹涌，无船无水兵，要想渡江谈何容易。就在朱元璋无处筹措之时，巢湖水寨的红巾军首领李扒头、赵普胜因与庐州另一支起义军首领左君弼有隙，屡遭攻击，便派自己的部下俞通海到和州向朱元璋求援，朱元璋早就听说巢湖水寨有大小战船一千余艘，水军一万多人，这么好的机会，他怎么可能放过？他亲自赶到巢湖力劝李、赵等人，一同渡江，到江南发展势力，李、赵表示同意。朱元璋带领巢湖水师向和州进发，不料走至马肠河口被元军阻挡，朱元璋当机立断，马上回和州调集了一批商船，装载精兵，击败了元军，巢湖水师利用连日大雨河水暴涨之机，顺利入江，驶抵和州，真乃天助朱元璋也。赵普胜于中途变卦，率部离去。

朱元璋有了自己的水师，立即召集诸将，制定渡江方案。有的将领主张直捣集庆，朱元璋认为这样做太过于冒险了，决定先攻取采石。

至正十五年（1355）六月初二，朱元璋亲自率徐达、邵荣、汤和、常遇春等人，战船一千余艘，分两队渡江。快到南岸时，朱元璋认为采石是个大镇，防御必严，而旁边的牛渚矶伸入江中，不易固守，于是下令在牛渚矶上岸。经过一番拼杀，矶上元军被杀退，朱元璋大军顺利登陆，很快拿下了采石。

渡江成功后，李扒头想独立发展，杀死朱元璋，不料走漏了风声，反被朱元璋灌醉后，捆住手脚扔入江中，其部下全部归顺了朱元璋。攻下采石后，士兵们抢着搬运粮食牲畜，朱元璋非常不高兴，对徐达等将领们说："今全军渡江，拿下采石，是为了乘胜夺取太平，在江南成就大业，若纵容兵士掠夺财物后回和州，再想回来成就大事可就难了。"于是他效仿当年项羽破釜沉舟之计，将所有船只缆绳砍断，任其顺流而下。

然后，朱元璋传令三军："前面就是太平，城里财宝美女，无所不有，攻下此城，任你们随意取用，然后就放你们归去。"将士们听了，无不欢欣鼓舞，直奔太平城下，人人奋力，很快就破城而入。

兵士们正准备大抢一通，却只见满街都贴着告示：严禁抢掠，违令者军法处置。富豪陈迪等捐献了一批财宝，朱元璋全部分给将士们，大家也就心满意足了。朱元璋又下令开仓放粮，救济百姓，太平的百姓无不衷心拥护。

1355 年（至正十五年）六月底，朱元璋分兵两路进攻集庆。南路由徐达等率领往东攻占溧水，再取溧阳，从南面包抄集庆，主要是切断集庆与南面元军的联系；北路由张天佑率领降将陈野先的士兵，直取集庆。朱元璋将陈野先留在太平，陈野先暗中指示部下，不要认真打，装装样子就可以了。张天佑吃了败仗，退回太平。同年八月，再次进攻集庆。陈野先又传话部下，不要真打，这时，徐达占领溧水，又分兵攻取了溧阳、句容、芜湖等地，切断了集庆与南面元军的联系。九月，朱元璋决定对集庆发动第三次进攻，由郭天叙、张天佑带兵去攻。郭、张攻打集庆东门，陈野先也领本部人马来到集庆，并佯攻南门。随后设宴请郭、张两位元帅，乘其不备，以伏兵杀害郭天叙，又生擒了张天佑，将集庆主帅处死。红巾军只好退守溧阳。

郭天叙、张天佑死后，原郭子兴的旧部全部归朱元璋指挥，这时他才正式成为这支军队名副其实的都元帅，小明王麾下的一员大将。

1356 年（龙凤二年）三月初一，朱元璋亲率大军从太平出发，三攻集庆。先头部队在集庆城外突破陈野先的大营，陈野先被活捉，其部将三万六千人全部归降。朱元璋认为，眼下正是用人之际，应化敌为友。先前正是这伙人杀了郭天叙和张天佑，要解除他们心中的疑虑，为我所用。于是他从中选出五百勇士做自己的亲兵侍卫，将原亲兵全部撤下，当夜就让这五百人轮流为他守夜，只留亲兵侍卫冯国用一人陪住。朱元璋胆识非常人所及，非常人所能比。他回到帐中，脱下盔甲，倒头便睡。他的这种以诚相待，用人不疑的大无畏精神，折服了这五百勇士。不仅如此，也使得那三万多降兵对他佩服得五体投地，都表示愿意为朱公效死。三月初十，朱元璋下令向集庆发起总攻：冯国用率领这五百壮士首先攻入城中。元朝主帅福寿率军巷战，兵败被杀，平章阿鲁灰等均战死，御史王稷、元帅李宁等被俘，水军元帅康茂才及全城军民五十万归降，只有回族海牙一人突围逃走。江南重镇集庆被朱元璋光复。

朱元璋入城之后，召集官吏军民大会，宣告说："元朝政治腐败，兵戈并起，老百姓遭殃……我领兵到这里，是为你们除乱解难的。你们大家要各守其职，不要疑虑害怕；有贤人君子愿意跟我建功立业的，我以礼相待并重用；做官的不许横暴，不许残害百姓；旧的规章制度对大家不利的，我一律将其废除。"大家听了朱元璋这一番激动人心的讲话，又见朱元璋的军队果然纪律严整，都放心了，集庆城里很快就秩序井然。

攻占集庆的次日，朱元璋下令改集庆为应天府，以表示自己起兵是"上天应命"的。又设天兴、建康翼统军大元帅府，以廖永军为统军元帅；以赵忠为兴国翼元帅，戍守太平。七月，小明王得到朱元璋占据应天的捷报便下令提升他为枢密院同金，不久又命他为江南中书省，总揽省事，并设立和完善了其他行政、司法、军事机构，建立起了一个完备的地方政权，它的诞生标志着朱元璋在其政治生涯进程中又迈进了坚实的一步，这个政权虽然在名义上受小明王节制，实际上是完全独立的。

》》 瞄准对手，采取围逼抢之策

对于那些不甘于人后的强者来说，只要他们瞄准对手，就会全力出击，采取围逼抢战术，紧追不放。朱元璋一旦认定自己的目标，就断然如此。

朱元璋在应天正式称王，是在龙凤十年（1364 年，元至正三十四年）的正月。这一年的二月初，征得刘基、李善长等人的同意后，朱元璋以吴王的身份，亲率 10 万大军去征讨武昌。因为考虑到武昌城内的张定边已经没有什么实力，而湖南大部虽然名义上还是大"汉"的地盘，但实际上早已经空虚一片，所以朱元璋此次出征，就没有动用徐达，让徐达留在应天与刘基、李善长等人一起防范东吴张士诚。不过，朱元璋也不敢大意，虽没带上徐达，却把常遇春、邓愈两员猛将带在了身边，还把汤和作为自己的亲兵头目也带在了身边。

朱元璋抵达武昌城外后，马上就观察起武昌周围的地形地貌来。他发现，武昌城的城墙十分高大坚固，要是强行攻打，必将招致较大的伤亡。不过，武昌城的南面有一座小山，如果将这座小山占了，在小山上架起火炮，则炮弹就可以直接打到武昌城里去。

朱元璋决定对武昌城进攻，威逼张定边。以武力逼迫压服别人，这是兵家常事。虽使用武力威胁，但朱元璋还是作出一定让步，答应不杀害武昌城内的任何一个人。于是武昌城门洞开，张定边带着陈理率大"汉"文武百官及众"皇妃"，匍匐在城门前，恭迎西吴大王朱元璋的到来。至此，陈友谅建立的大"汉"政权，正式灭亡。

拿下武昌城后，朱元璋回到了应天。他决定抓住机会，研究好战略战术对付张士诚。

机遇总是属于那些有准备的人。朱元璋本来就是一个会抓机会的人，他做好一系列的准备工作，便打算投石探路，先派兵骚扰和攻取一些城池，采取局部包围，耗费张士诚的兵力、物力和财力，为大规模的战斗进行一下试演。这样做，自己就能主动把握好战争的形势。

在对形势的认识上，有些将领就根本没有一点头脑，在一点利益的诱惑下，就会叛变。他们不能容忍一点小事，结果最后，得不到好下场。谢再兴就是这样的人。他本是淮西旧将，朱元璋亲侄朱文正的岳父，他有两个心腹因贩卖违禁品，被朱元璋发现后杀死，其人头被挂在谢再兴的办事厅内，此事让谢再兴心里非常不快。不久，朱元璋又做主把谢的小女儿嫁给了徐达，又召谢到应天议事，令其为副将，由李梦庚任诸暨守将，谢再兴异常气愤，于是捉了李梦庚和元帅王玉等，投降了吕珍。朱元璋知道后，非常生气，这使他又想起了一年前大将邵荣、赵继祖谋害自己一事，想起这些，他就不寒而栗。邵荣和朱元璋一起在濠州起义，也算是生死与共的战友，却因为不能在家与妻子同守同乐而谋反，实在令人不能信服。眼下，自己的亲家谢再兴又叛他而投张，确实再一次引起朱元璋的深思。气愤之余，他想得更多的是今后如何更好地驾驭众将官，这也使得朱元璋对部下变得猜忌防范，残忍好杀。

历史上再英明的人物，也有他的缺点，所谓"金无足赤，人无完人"。这使得朱元璋在定夺天下的道路上多了一些曲折。他的一些缺点恰恰又被张士诚所利用。只可惜张士诚的将兵之才不行，在这以后的数次与朱元璋攻坚争夺中，一点也无法伤及朱元璋的元气。朱元璋本打算马上就对张士诚动手，但因为朱文正"谋反"一事的影响，朱元璋对张士诚的战争就耽搁了下来。这一耽搁，就是好几个月。在这几个月里，朱元璋也不是什么事情都没做。他至少做了两件事情。第一件事情，他叫汤和又培训了一大批特务，分散到各地去监视那些地方军政要员。朱文正都想谋反，谁还可以放心？而不把自己的地盘牢牢地控制在自己的手里，朱元璋就不会急着对张士诚用兵。第二件事情，朱元璋去了一趟滁阳，也就是安置刘福通和小明王的那个地方。朱元璋去滁阳的冠冕堂皇的理由是：他长久没见到小明王和刘福通，想去看望一下。其实他是去玩一场猫捉老鼠的游戏，了解一下情况。

事实上，自陈友谅被消灭后，朱元璋的战略目标已经转移，他分析形势说："天下用兵，河北有孛罗帖木儿，河南有扩廓帖木儿，关中有李思齐、张良弼，但河北兵力虽多而无纪律，河南稍有纪律而兵力不振，关中道路不畅、粮饷不继。江南只有我和张士诚，张士诚喜欢使用阴谋诡计，但部众却毫无纪律。我拥有数十万军队，只要固守疆土，修明军政，委任将帅，待机而动，天下是不难平定的。"可见，在消灭了陈友谅之后，朱元璋已不再为生死存亡而忧虑，颇有踌躇满志、天下在握之感。

事实上，消灭张士诚，是朱元璋杀掉陈友谅后的一项重大计划。朱元璋经过多方的准备，一场孕育已久的战争已如箭在弦上。

1365年10月，朱元璋在江淮地区发动了攻打张士诚的第一次战役。朱元璋分析了张士诚防区的情况，认为张的统治中心是以平江为中心的江南浙西一带，那里人口密集，物产丰富，防守坚固，而江北的淮水流域防守相对薄弱，且中间隔着长江，南北兵力不好呼应，于是朱元璋制定出"先取通、泰诸郡县，剪士诚肘翼，然后专取浙西"的总的战略方针。按此方针，整体作战步骤又分三阶段进行：第一阶段，主要是攻取江北的淮东地区，剪士诚羽翼；第二阶段，分兵两路攻取湖州、杭州，断东吴两臂；第三阶段，围攻士诚老巢平江，攻其腹心，彻底消灭东吴。

　　纵观朱元璋的一生，其用兵思想始终都很明确，知己知彼，根据战争的实际情形争取一定的战略战术。在他周密的战略部署，灵活机动的战术指导下，同年七月底，朱元璋又召集文武大臣商讨对张士诚第二阶段的征讨。他指出：张士诚出身盐枭，与湖州（今浙江吴兴）守将张天骐、杭州守将潘元明等全都是不怕死的亡命之徒，他们与张士诚同甘苦，共患难，互为手足，如先攻取平江，张士诚危急，这时湖、杭的张天骐、潘元明等必然齐力援救，援兵四合，不易取胜；如出兵湖州、杭州，使张士诚疲于奔命，无法救援，我可集中兵力，去其羽翼，然后移兵直捣平江，必然可以取胜。最后决定兵分两路，先攻取湖、杭二州。朱元璋在出征前一再告诫诸将攻下城池后，不许烧、杀、抢、掠，特别不能侵毁平江城外张士诚母亲的坟，以免激起东吴人产生敌对情绪。

　　在作战方针上，朱元璋采取了各种各样的战略战术，注意寻找机会断敌后路，堵其粮道。在具体作战中，他时时运用多变的战术，善用其长，恰到好处，发挥优势。

　　到 1366 年的 5 月，朱元璋发布了檄文，宣布张士诚犯有八大罪。李善长等人认为张士诚"势虽屡屈而兵力未衰"，应等待更有利的时机，朱元璋则认为张士诚已是穷途末路，消灭他的时机已然成熟。八月初，他下令以徐达、常遇春为正、副统帅，率领二十万大军进攻浙西，朱元璋特别叮嘱破城时不得杀掠，不得毁坏房屋，不得发掘坟墓。受此前接连大捷的鼓舞，常遇春主张直捣平江，朱元璋认为这样有些冒险，命令还是按既定方略办，先攻取湖州、杭州。经过几个月的围攻，到十一月，湖州、杭州相继陷落，周围地区望风归降。在攻克湖州后，徐达即引军北上，会合诸将围攻平江，实施第三步作战计划。此时，张士诚辖地尽失，困守平江孤城，坐以待毙。

同年8月，朱元璋命徐达等人率军从龙江出发挺进太湖，大败守将张天骐，并包围了湖州。张士诚急调兵，又被徐达奇兵夜袭，切断了他与平江的联系。徐达又令堵塞通向湖州的沟港。张士诚的粮道被截断了。

在打击张士诚，平定平江上，朱元璋面临着非常复杂的情况。朱元璋以一颗不变应万变之心，采取招抚政策。当朱元璋对张士诚进行劝降时，他却不听。

朱元璋命徐达调集诸将，围攻平江的各门，并架起三层高的木塔，借此俯视城中的情况，塔的每层都设有大炮，不时轰击城中。张士诚对此并不畏惧，他凭借坚固的城防工事，拼命防守，拒不屈服。朱元璋几次派人到城中规劝，还亲自写信给张士诚，再三陈说利害，都遭到张士诚拒绝。平江被围日久，粮食枯竭，人们捉鼠而食，老鼠吃光了，又煮皮革做的鞋底来吃。张士诚几次指挥部队突围，都未成功。已投降的张士诚部将李伯升派门客入城劝降，门客对张士诚说："公当初率十八人起兵，攻入高邮，被元朝百万大军包围，如虎落陷阱，死在朝夕。元兵突然溃散，公遂乘胜攻击，东据三吴，有地千里，甲士数十万，自立为王。此时若能不忘昔日的困苦，招揽豪杰，随才任用，抚恤人民，操练兵马，统御将帅，有功者赏，无功者罚，使号令严明，百姓乐附，不但三吴可以保全，平定天下也不是难事。"张士诚说："你当时不说，现在说这些有何用。"门客说："我当时说了，公也不得闻。为何？公之子弟亲戚将帅，罗列中外，锦衣玉食，歌童舞女，日夕酣宴。带兵者都自以为是韩信、白起，谋划者自以为是萧何、曹参，傲视天下，目中无人。公则深居内殿，败一军不知，失一地不闻，纵然知道，也不过问，遂有今日。"听了这话，张士诚也颇有悔意，门客劝他审时度势，及早出降，他仍是不肯。

张士诚已知道他的末日快要来临，虽然如此，他却死守平江不降。他率残兵展开巷战，且战且退，逃回王府，见妻子已上吊自杀，诸妾也在齐云楼自焚而死，就也找了一束长缭，试图悬梁自尽，但被人救下。张士诚只是瞑目不语，徐达让人用门板把他抬到船上，送往应天。到了朱元璋面前，他仍是闭着眼不说话，朱元璋追问他有何话说，他只回答了一句："还有什么可说的，天日照尔不照我。"

张士诚被解往应天，不多时，就被朱元璋在竺桥用乱棒打死，时年47岁。对于张士诚的死，也有后人说他是被朱元璋派武士用弓弦勒死的。具体怎么死，我们没有必要作过多的追究。话又说回来，张士诚至死也没有认真剖析失败原因，他宁可归因于上天的意志，也不肯承认是自己的骄奢淫逸和昏庸无能，葬送了自己亲手建立的事业。

张士诚的死，说明什么呢？这令我们又想到了一代霸王项羽，说自己失败是"时不利兮"、"天灭吾矣"。他们都有个特点，就是骄傲、独断专行，往往做事不够厚黑，其实失败的原因在于他们自己。

消灭张士诚后，江南反元斗争已基本结束，而朱元璋作为农民起义领袖的阶段已经过去，作为统治阶级的代言人，地主阶级的政治领袖的时刻已经开始。

>> 收拾腐败的吏政

定天下，必须从管理内部开始。在中国历代君主中，对贪官污吏痛恨之深刻，打击之严酷，无出朱元璋之右者。朱元璋之所以如此做，与他出身于社会最底层有很大关系。他从小亲眼看见元朝州、县官吏大都不体恤百姓，贪财好色，饮酒废事，对老百姓的疾苦，漠然视之，因此深感痛恨。所以他决定从管理内部开始定天下。

正是由于朱元璋出生于元朝末世，因而他深晓官逼则民反的道理。元朝后期，统治集团极端腐朽，贪官污吏横行霸道。当时，许多官府衙门公开卖官鬻爵，各种职位都标有定价。到地方做官的人都希望得到富庶的州县，称为"好地方"；在中央做官的人都希望得到肥美的职位，称为"好窠窟"。所谓"好地方"、"好窠窟"，是说这个地方或职位有油水可捞，可以大肆搜刮一番。既然做官的目的就是为了吃喝玩乐、聚敛钱财，上任之后，官员们自然不会关心百姓的疾苦，顾及百姓的死活。他们给自己定的职责只有三项：一是搜刮钱财，二是喝酒饮宴，三是玩弄女人。在敛财方面，官员们真是费尽心机，花样百出，名目繁多。据记载，下属拜见上司，要给"拜见钱"；逢年过节，要给"追节钱"；遇上生日，要给"生日钱"；管个差事，要给"常例钱"；送往迎来，要给"人情钱"；发个传票拘票，要给"赍发钱"；起诉应诉，要给"公事钱"；实在找不到借口，则白要强索，这也有个名目，叫"撒花钱"。犯了罪的人，只要家里有钱，把衙门上下打点好，再大的罪状也化为泡影。当时的元朝虽设立御史台，并在各省、地区还设立肃政廉访司，负责"纠察百官善恶、政治得失"，但这些监察官们也同样腐败透顶，他们到各州县巡视时，都带着库子负责收纳银钞，就像做买卖一样，不但起不到廉政作用，反而给百姓造成更大痛苦。老百姓编有顺口溜说："奉使来时，惊天动地。奉使去时，乌天黑地。官吏都欢天喜地，百姓却啼天哭地。""奉使宣抚，问民疾苦。来若雷霆，去若败鼓。"元朝末期统治如此之黑暗，怎么会不被汹涌的农民起义浪潮所吞没！

元末官场的黑暗和官吏的贪婪，对朱元璋来讲真是刻骨铭心，终身难以忘怀。在登上皇位后，他曾回忆说："过去我在民间，见州县官吏大多不体恤百姓，往往贪财好色，沉湎酒中，荒废公务，对民众的疾苦，漠然视之，我心里十分愤怒。"这种感情，终其一生，都伴随着他。他经常向官员们描述元末吏治的腐败，认为这是导致农民起义和元朝覆亡的原因。

在中国古代官僚体制中，官与吏分属两个系统。元朝时期，各级政府的实权虽然都掌握在蒙古官员手里，可他们大多不通汉语，不谙治道，各种政务只好都交给吏胥去办。吏胥因缘为奸，科敛无度，使老百姓苦不堪言。朱元璋在民间时，就深受此辈之害，对他们的行径十分了解，因而对他们极为反感和厌恶。也正因为此，在朱元璋眼里，吏比官更可恨。他认为吏作为官府中处理实际事务的人员，固然是不可缺少的，没有他们行政系统就运转不起来，但这些人没有一个不是满肚子坏水，"专一起灭词讼，教唆陷人"，串通其他官吏祸害民众。当然，朱元璋也并非认为吏天生就是坏人，吏本来也都是老百姓，"居于乡里，能有几人不良，及至为官为吏，酷害良民，奸狡百端，虽刑不治"。可见，在朱元璋眼里，官府就是一个大染缸，本来品质不坏的百姓一当上吏，就像掉进了染缸，不可能再保持原来的清白了。在朱元璋心里，"吏"这个词成了"害民"的同义语，所以他只要听说哪个官员能严于治吏，就很高兴，常予以嘉奖。

朱元璋建立明朝后，由于有以上各种因素的促使，他便下决心吸取元朝吏治败坏，以致亡国的历史教训，多次申明"不禁止官吏的贪暴，百姓就无法生存下去"。"这一弊端不革除，就不可能达到善政。"在创建一系列典章制度的同时，刻不容缓地开始整顿吏治。 朱元璋整顿吏治先从软处着手。首先是严格官吏考核制度。洪武元年（1368年），明太祖颁布《大明令》，严格制定地方官员的考核制度。规定各地府州县官员三年任满，赴京接受考核。进行考核的目的，主要是看官员是否称职，强调治理政绩。因此，要带有三年任职期间政绩的文册。文册由监察御史和按察司负责撰造，以此作为考核官员的凭据。 明代地方官吏实行政绩考核的标准，是由明太祖亲自制定并颁行的《授职到任须知》。《到任须知》对各级官员的责任与义务作出了详细的规定，比如它把地方的公务分为"祀神"、"制书榜文"、"吏典"、"印信衙门"、"狱囚"、"起灭词讼"、"田粮"、"仓库"、"会计粮储"、"各色课程"、"鱼湖"、"金银场"、"窑治"、"盐场"、"系官房屋"、"书生员数"、"耆宿"、"官户"、"境内儒者"、"好闲不务生理"、"犯法民户"等详细的条款，总共有31项之多。每一项中都规定着地方官员应负的责任和应当注意的事情，每个应该注意的事情中，往往会有许多具体的要求。明太祖要地方官员按此条例，务必一一施行。

行伍出身的朱元璋最善讲究令行禁止，对于一切不遵守《授职到任须知》的官员，都要坚决惩办。在执行这一须知的初期，由于许多官员还不了解具体的条款，使得自己犯法而下狱，有的甚至丢掉了性命。朱元璋见到地方官员们并没有领会自己的意思，就非常生气，又下令，各府、州、县一定要把这些条款刻到最醒目的地方，要时时刻刻遵守。为此，朱元璋规定：上级机构要对下级机构及其官员进行监督检查，所有的衙门都要设立一个文簿，详细记录每一件事的经办过程，每个季度派一名吏典送交上级机构备案。

根据对官员的考核是常规化还是非常规划，分为考满和考察两种。考满制度规定三年一考，考三次决定是否升迁。不管是朝廷的内官或是外官，在九年的任职期间每三年考核一次，三年叫做一考（初考），六年叫做再考，九年叫做通考。具体到地方官员，府、州、县属官先经由本衙门正官初考，府、州、县正官由上级正官初考，随后层层上报核实，再送吏部考核。布政局、按察司属官也先由本衙门正官初考，报吏部考核。布政司和按察司的正官和副职，要经都察院初考，吏部复考。各衙门根据官员任职期间功过事迹撰造文册，报送吏部，经过核实，拟定评语，评语分为上中下三等，一是称职，二是平常，三是不称职。用评语决定官员升降问题。起初规定：府同知一考无过失的，可升做知府；知县一考无过失的，升为知州；县丞一考无过失的，可升任知县。这种考核制度比较宽松，实施以后，往往是升官的多，降职的少。洪武二十六年又规定府、州、县官三年考满，评语是平常和称职的，在相同品级内调用，不称职的正官、副职要降官，首领官要降为吏。从而使考核制度更加严格。

除了制定考核地方官吏的《授职到任须知》外，朱元璋还于洪武五年（1372年）制定了《六部职掌》作为考核京官的依据。《六部职掌》

规定对官员每年都要进行考核，好的奖励，差的惩罚，触犯了法律的要坚决制裁。见此法可行，朱元璋又扩大了对它的执行范围，洪武二十六年（1393年）又制定了《诸司职掌》，对中央自五府、六部、都察院以下诸司官职的设置及官员的职责作了详细规定，使每个官员都知道自己应该避免什么，应该做什么。同年又规定，在京就职的官员，初入仕途，一律要试职一年，经过考核后才可以授予实际官职，不合格的坚决不用。四品以上的官员及皇帝身边的人员，九年任满之后，一律由朱元璋亲自任免。六部五品以下的官员，历任三年，由本部门考核。评语也分为称职、平常、不称职三等，不称职的也给一次机会，由吏部再次考核，实在不称职，即予降职或者罢官。

前面提到对官员的考核分为考满和考察两种。考满已介绍过，下面再说说考察。考察就是明太祖开始建立的朝觐考察制度。分为京察和外察两种。京察的对象是中央各机构和两京所在地的顺天府、应天府各级官员，每六年考一次。外察的对象是地方官。开始时，明太祖要求地方官每年朝见天子一次，洪武十八年（1385年）改为三年一次。朝见完毕，由吏部和都察院进行考察。考察完毕，还须书写评语。评语有八项，贪、酷、浮躁、不及、老、病、疲、不谨等。具体的处置办法是年老有病的人致仕；贪污的革职为民；不谨的则让其赋闲；浮躁浅薄才力不够资格的，降一级调外任。称职没有过错的人为上，赐坐着吃饭；有过但是又称职的，只准吃饭不准坐；有过不称职的，则在门外站着，看别人吃饭。京察和外察的结果，须报请皇帝批准公布。

无论是考满还是考察，都是明太祖用来控制整顿官僚机构，保证国家机器正常运转的重要手段。虽说都是以考核官员为目的，但是，考满和考察的侧重却有不同。考满多与升迁联系，而考察是以罢黜官员为主，两者相辅相成，构成明朝考核制度，是官僚管理制度的重要组成部分。

明太祖对官员的考核，突出的是官员实际从政能力，也即在任政绩。他求实的性格使他终生反对虚言浮夸，更厌恶有人敢于欺瞒他。他希望官员们能够尽心尽职，多有政绩。在这种希望中，包含着他对社会治理、王朝稳固的期盼。

除了制定制度对官吏进行考核外，朱元璋还对官员们进行思想教育，教育他们要勤俭，要爱民。

平民出身的朱元璋深知农民的辛苦劳累和官吏的贪婪本性，为了减轻百姓的负担，他将各类捐税降低到最低；为了降低出现贪残官吏的概率，同时也为了提高行政效率，他尽量压缩官府衙门的数量和官吏的数额。据洪武十三年（1380 年）统计，京城六部官吏总共只有五百四十八人，全国文职官吏也仅有五六千人，每个县平均不过五六个人。为了节省钱粮，官吏的俸禄标准，与历代相比，也是比较低的，清代著名史学家赵翼曾论证说，"明代官俸最薄"。官俸既薄，那么要过奢华的生活，不贪污纳贿是不可能的，因而，他常常告诫官员们要勤俭持家，"量入为出，裁省妄费，宁使有余，毋令不足"。他曾对大臣说："节俭这两个字，不但治理天下要遵守，管理家庭也要遵守。你们的俸禄有限，如果不量入为出，费用过度，到哪里去找钱财？侵吞公款，剥削百姓，都是因为不知节俭。"

朱元璋从元朝覆亡的教训中，深刻认识到，贪官污吏是国之大蠹，民之大害，"不禁贪暴，则民无以遂其生"，他决心把元朝当作前车之鉴，彻底清除官场宿弊，建立起公正廉洁、勤政爱民的政治风气。

在朱元璋看来，节俭是廉政之本，他非常注意以身作则，试图养成一种勤俭节约的社会风气。早在江南行省政权建立之时，他所穿的衣裳破旧了，便改为内衣来穿，并逐步改穿，直到不能再穿为止，不肯浪费。有一名叫宋思颜的参军见到这种情景，忍不住感慨道："主公如此节俭，真值得让后世的子孙来好好地效仿。"后来，朱元璋为登基称帝做准备，筹划营建宫室，有关部门送上设计图样，朱元璋见有雕琢奇丽之处，即予抹去。他对中书省的官员说："宫室建造得坚固即可，何必过分雕饰？尧时，住房茅草为顶，黄土成阶，可以说简陋至极，但千古之上，人们称颂盛德之君，必以尧为首。后世竞相追求奢侈，极宫室苑囿之娱，穷舆马珠玉之玩，贪欲之心一旦生起，便不可遏止，最终必生祸乱。上面的人崇尚节俭，则下面的人就不会奢靡。朕以为，珠玉不是宝，节俭才是宝。"建国之后，他常把这类话挂在嘴边，既是为了提醒自己，更是为了教育别人。他曾对侍臣说："自古帝王的兴起，都是由于勤俭，而他们的败亡，则是由于奢侈。前代之得失，正好成为今日之借鉴。后世昏庸之君，纵欲无度，不知警戒，终于走向灭亡，令人感慨不已。大抵处心清静，则无欲，能做到无欲，自然就不会骄奢淫逸。欲心一生，则骄奢淫逸无所不至，败亡也将接踵而至。联想到这一点，朕心中就充满警惕戒惧。所以朕必须躬行节俭，给天下树立一个榜样。"

朱元璋不仅自己以身作则，还善于抓住现实中的正反事例，惩奢褒俭，以此达到教育的目的。正面的例子比如洪武三年（1370年）六月，河南嵩县一刘姓典史入京朝觐，朱元璋见他衣服布满补丁，非常高兴，说道："官员往往为了锦衣玉食，侵害百姓，这个典史如此贫寒，为官能不清廉吗？"中书省官员忙将刘典史的廉谨事迹奏上，朱元璋遂命赐给刘典史一些布帛，作为奖赏和鼓励。而反面的例子则比如，有一次，朱元璋看到一个散骑舍人穿了一件很华贵的衣服，价值五百贯，朱元璋就批评他说：你靠着父兄的恩泽，从小吃穿不愁，知道农田劳作的辛苦吗？从你身上看，一件衣服就值五百贯，这可是一个数口之家的农民一年的生活费用啊，你却用这么多钱做一件衣服，真是太奢侈了，今后一定要注意，不要再犯了。

除了教育官吏们应当节俭之外，朱元璋还苦口婆心地教育他们应当心存爱民之念。

朱元璋认为，有的官员因出身不同，高高在上，不知百姓的辛苦，更不知稼穑之艰难，不关心百姓的疾苦，便教导臣下说："士、农、工、商四民之中，农民最辛苦。他们终年勤奋地劳作，很少休息，遇到风调雨顺的年景，一家人可得温饱，而不幸遇上水旱灾害，年成不好，全家人就会挨饿受冻。朕一食一衣，都会想到农夫农妇种地织布的劳苦。你们这些做官的人，住的是广厦，乘的是肥马，穿的是锦绣，吃的是美食，必须时刻不忘农民的辛劳！"地方官员来京朝见，他告诫他们："天下刚刚平安，百姓财力俱困，就像小鸟初飞，树苗初栽，不要拔去鸟的羽毛，撼动树的根苗。廉洁能够约己爱民，贪赃必会害民肥己，你们要引以为戒。"

为了惩治腐败倾向，除了重在教育在口头宣传外，还应讲求实效，因此，朱元璋实行言传身教，以身作则，以唤起官员们对下层百姓的同情怜悯之心，使天下治置于安稳。洪武二年（1369年）五月，朱元璋从郊外回城，见几个老农正在田间挥汗耕作，立即下马步行，边走边对大臣们说："朕好久没有在田间干活了，见到农夫冒着酷暑耕耘，心里很怜悯他们，不自觉地就下马步行。农民是国家的根本，国家的各种费用，都要由他们供给。他们如此辛勤，不知地方官们是否懂得怜悯他们。大家都是人，身处富贵而不知贫贱的艰难，古人常以此为戒。穿衣服时要想到织女的勤劳，吃粮食时要想到耕夫的辛苦。朕想到这些，恻隐之心油然而生。"

朱元璋时常挂念百姓的生活，每逢听到天灾人祸信息，心里总放不下，他曾经说过："朕是天下之主，听到一夫受饥，吃饭便无滋味，听到一民受寒，睡觉便不安稳。"他希望各级官员也能像他一样把百姓疾苦挂在心上，曾命令地方官员访查贫苦无依的百姓，按月发给衣食，没有地方居住的给予房屋。他训谕官员们说："天下一家，民犹一体，有不得其所者，应当考虑如何安养他们。过去朕在民间，亲眼见过他们的痛苦。鳏寡孤独、饥寒交迫者，常对生活失去希望，恨不能立刻死去。我在兵荒马乱中看到这种现象，心中甚为悲伤，所以才亲统师旅，誓清四海，想让天下像朕自己家一样安定下来。现朕治理天下已十年有余，如果天下还有流离失所的百姓，这不但不符合我当初立下的誓愿，也没有尽到上天赋予我的职责，所以你们都要体察我的心意，不能让天下有一个人流离失所。"

朱元璋如此记挂民计民生，自然会对那种刁难、欺压百姓的官吏深恶痛绝。洪武五年（1372 年）十二月的一天，朱元璋到三山门视察城建工程，见一个服役的农夫在护城河的冰水中边淌边摸，就派人去问这个农夫打捞什么东西。回奉的人说："督工把这个人的锄头扔到水里去了。"农家出身的朱元璋自然了解一件农具在一个贫穷农民心中的重要性，立即命令身边的壮士下水代为打捞，并另赏了一把锄头给农夫。他还下令把督工打了一顿板子，训斥说："农夫服役一个多月，手脚都皴裂了，已够辛苦了，你怎么忍心再害他！这要是你的父亲兄长，你能这么对待吗？"接着，他又对随行的丞相汪广洋说："现在正是数九寒天，我们穿着裘皮衣服，还觉得寒气逼人，这些服役的农夫贫困少衣，当然会是苦不堪言。"于是，他就传令服役的农夫们都停役回家。

　　作为从行为上教育官员的补充，朱元璋编写了一系列书籍作为教育官员弥补其思想上的误差的工具。在洪武八年编写的《资治通训》和洪武十六年编写的《精诚录》中，都有教育官员忠君爱民的专门篇章。洪武十九年编写的《志戒录》，则是采辑汉、唐、宋时代发生的一百多个为臣悖逆不忠的事例，让臣下知晓鉴戒。朱元璋还曾编写《彰善榜》，表列公勤清廉官员的事迹。洪武十八年、十九年颁布的《大诰》三编，也以教育官吏为首要目的，其中官吏贪赃枉法、苛敛害民的案例，占全书一半以上。在《御制大诰序》中，朱元璋阐述编写此书的缘由说："由于元朝统治中国达九十三年之久，中国固有的传统美德泯灭了，道德沦丧了。官吏们在办事的时候，私念超过公心，以致过失比海深，罪孽比山重。被斩首示众者的尸体还没有移开，新处死刑的人又来了。现在把害民事例昭示天下各级政府，敢有不务公而务私、贪赃枉法、酷虐害民者，必彻底清查，严加治罪。"可见，朱元璋颁布《大诰》，含有"以刑止刑"的意思，是想通过对惨厉刑罚的宣示，让官吏们产生畏惧之心，从而自我约束，不敢害虐百姓。

　　洪武二十五年，朱元璋为了教育官员清廉爱民，还专门编写了一本《醒贪简要录》，他说："四民之中，农民最为辛劳。一到春天，农民听到鸡鸣就得起床，驱牛扶犁，翻耕土地。夏天烈日当空，农民被烤得身体憔悴。到了秋收时节，收获的粮食除了缴纳租税之外，还能剩下多少？若再遇上旱、涝、蝗灾，则全家惶惶，不知靠什么生活下去。现在当官的人不体念百姓的艰难，刻剥虐害他们，真是一点仁慈之心都没有。"《醒贪简要录》的内容，主要是详细载明各级官员的禄米数额，并将米数折算成谷数，再算出每亩田地出产的谷数和投入人力的多少，目的是唤起食禄者的良心，使他们能自觉地体恤百姓。

对于勤勉节俭，廉洁奉公的官吏，朱元璋往往给予奖赏，或破格提拔，用以激励、教育官僚队伍。国子监生陶仲被任命为监察御史后，纠劾不避权贵，很受朱元璋赏识，被擢升为福建按察使。他到任以后，诛杀赃吏数十人，抚恤军民，政绩卓著，朱元璋特下诏褒扬。浙江宁波知府李仲文派小吏到慈溪市办事，小吏倚势扰害百姓，县丞秦仲彰将小吏捉拿，送到京城治罪。朱元璋当即下令擢升秦仲彰为宁波知府，而把原知府李仲文贬为慈溪县丞。河南按察司佥事王平带着书吏高原去巡察孟津、宜阳，当地官吏送来贿赂，王平将行贿者抓起来，交上司治罪。朱元璋得知后，下令赐给王平文绮、袭衣以及钞一百锭，赐给高原钞五十锭，以示褒奖。后王平任满入朝，朱元璋提升他为都察院左佥都御史。这类褒奖超升事例，洪武年间有多起，在一定程度上对官吏勤政爱民起到了激励鼓舞作用。

朱元璋煞费苦心地对官吏们进行爱民教育，收到了一些积极效果。《明史·循吏传》记载了120名循吏，其中大多数属于洪武时期，如宁国知府陈灌，在地方设立学校、延聘教师；访民疾苦，禁止豪强兼并；伐石筑堤，保民田亩；用刑宽恤，安抚百姓。又如济宁知府方在勤，在任三年，垦荒兴学，户口增长数倍，一方富足。他自己身着布袍，十年不易，每天只吃一次肉，非常清廉。还有担任新化县丞的周舟，有廉洁勤政的名声，升为吏部主事后，应百姓请求，明太祖命放回继续治理地方。

应当说，朱元璋为杜绝贪污腐败之风所采取的种种措施在当时是有很大的进步意义的，即使在今天，我们也可从中借鉴有益的因素作为惩治腐败的手段。朱元璋的历史功绩由此可见一斑。

- 防算指警惕必须警惕的东西。不防则露，露则陷于被动。如果不防取胜，常离不开诱攻。
- 刘墉最忌自己犯错，所以常以"防身计"去应对一切，做到不为外力所伤，而是心中一片平和。

》 管好自己的舌头

祸从口出，人人皆知。《菜根谭》中说："口乃心之门，守口不密，泄尽真机。"顺治皇帝也曾经说过：最精妙的表达是不用语言的。考察事情不周密便信口开河，就一定会造成祸害。这就是君子之所以要言语谨慎、不轻易说话的原因。刘墉对说话不周所带来的危害，可以说感受最深，因为乾隆五十二年（1787年）年初，刘墉曾经因泄露嵇璜、曹文埴的去留问题，受到乾隆帝的申斥，以至于本来应该获授的大学士一职落到了王杰头上。

乾隆五十一年（1786年）十二月，大学士、军机大臣梁国治因病去世，当时已有两位满大学士，按照惯例大学士的空缺应由吏部尚书、协办大学士刘墉递补。当时，乾隆帝也曾经与刘墉谈过此事，说大学士嵇璜年老体衰，如果请求休致回籍，"不忍不从。"刘墉便将乾隆帝的话泄露给了嵇璜。乾隆帝认为，这是刘墉觊觎补授大学士的明证，是谋官的丑径，因此大加训斥，在上谕中说：

向来大学士缺出，多按资格，以协办大学士补授。刘墉在尚书中资分较深，而且任协办大学士多年，本应实授予刘墉，只因去年在热河时，及回銮后，曾与军机大臣等论及嵇璜去留问题，因嵇璜已年老，如果他要求退休回籍，朕也不忍心不同意；曹文埴现有老亲，如果请求回家养亲，朕也不忍心不同意，只是很惋惜，这不过是平常议论罢了。然见嵇璜精力尚未就衰，在汉大臣中最为老成，而且想把他留下来给朕做伴；部院诸臣一时乏人，曹文埴也属于能办事的人，所以朕迟疑不决的心思，军机大臣自不敢以平常议论的话，即行宣露。事隔多时，嵇璜等人也并未有所陈请。

去年冬天，朕召见刘墉时偶曾与之闲论及此，而次日曹文埴于陛见时，即有休致请求。朕询问军机大臣，俱称并未向嵇璜等说及，同称系刘墉在懋勤殿所言。朕召见诸臣，君臣之间，原如家人父子，且以刘墉系刘统勋之子，内廷行走之人，并非不可以与闻者，是以对他论及此事。而刘墉随即将此事告诉嵇璜等人，他的意思不过是想让嵇璜知道此情后奏请退休，刘墉即可觊觎补授大学士。似此言语不谨，此时岂可即以刘墉实授，以遂其躁进之私心吗？

现在尚书中，王杰资俸亦深，在内廷行走多年，而且现在大学士，军机处已有满洲二人，也不可无一汉大学士。王杰令补授大学士，所留兵部尚书员缺由彭元瑞补充，礼部尚书一缺由纪昀补授。德保、纪昀俱属中材，让王杰兼礼部事务。

嵇璜是江苏无锡人，对河道治理颇为内行，乾隆四十五年（1780年）为文渊阁大学士。嵇璜和乾隆帝同岁，晚年虽然年老体衰，不能管理具体事务，但乾隆帝却不让他退休，理由是"朕得一做伴老臣，亦属升平盛事"。乾隆帝五十一年嵇璜以精力衰竭，请求卸任养老，乾隆帝仍然不许，并且赐诗说：

愿老何须以老悲？古稀犹此日孜孜；

盱宵未倦依然兴，尔我同庚可不思？

一去已怜一为甚，再随应识再非宜；

汉家灾异三公免，君臣合纲我弗为。

　　乾隆五十五年（1790 年），乾隆帝再次赐诗年已八十高龄的嵇璜说："还乡未可便从尔，恋阙依然尚悯予。"就这样，嵇璜作为乾隆的同庚老臣，一直在朝中留任，直到乾隆五十九年（1794 年）去世。

　　嵇璜为官清廉，精通大智若愚糊涂为官处世之道，虽然官至大学士，且诸子也担任地方官，但家中却十分清贫，他的女婿曾作诗感叹："老屋区区留不得，而今始识相公贫。"然而，和珅却多次在乾隆帝面前打嵇璜的小报告，以致乾隆帝不时降旨斥责，甚至告诫嵇璜说："曹操和王莽的行为是人臣不应该效法的。"这就是嵇璜在朝中整天提心吊胆，甘当糊涂官的原因所在。实际上嵇璜还是很有能力的，而且作为一个清官，他对和珅大肆贪污心里也极为不满，但由于乾隆帝宠信和珅，嵇璜也只能是虚与委蛇，而不敢公开得罪。

　　据史书记载，嵇璜的书法，在当时与刘墉一样也非常有名气。一天，和珅向刘墉求字不成，正好在衙门见到嵇璜，就求他为自己家中堂屋柱子写一副楹联，并为嵇璜准备了写字用的上好宣纸。嵇璜答应以后，回到家中，邀请翰林学士数人到家中饮酒。正喝得高兴的时候，他的书童进来报告说墨已经准备好了，嵇璜呵斥书童，说有客人，现在不办。众人急忙问何事，嵇璜这才将和珅请自己书写楹联的事情告诉大家。众人都想一睹嵇璜写字的风采，便请嵇璜当众书写，然而就在嵇璜写好一半的时候，站在旁边的书童不小心却将墨汁洒在了宣纸上，嵇璜大怒，责骂书童，直到诸翰林劝解再三才作罢。第二天，嵇璜将已经被弄得污秽不堪的宣纸退还给和珅，楹联的事也只好作罢。

实际上，书童将墨洒在宣纸上的事，完全是嵇璜事先安排好的。他邀请众人喝酒，而让书童将墨汁洒在宣纸上，就是想让众人作证：不是我嵇璜不给你和珅写，而是没法写。这充分反映了嵇璜大智若愚糊涂之道造诣的精深和他不愿意迎合和珅的刚正人品。

武则天《臣轨·慎密》中说：嘴巴好比一道关卡，舌头好比射箭的弩机。一句不妥当的话说出去，即使用四匹马拉一辆车那么快的速度也不可能追回来。嘴巴和舌头犹如一柄双刃剑，一句话说得不恰当，就会反过来伤害到自己。因为话虽然是自己说的，别人既然听到了，你就无法阻止别人去传播，由此所带来的影响你根本没办法控制。刘墉由于说话不慎，而将到手的大学士丢了，就是最好的明证。

>> 把明白包裹在糊涂里

糊涂有两种人：真糊涂和假糊涂。刘墉在担任安徽学政的时候，曾经巧妙地以糊涂之道整治对手，使安徽学务得到大治。

乾隆二十一年（1756 年）九月，刘墉被乾隆帝钦派为提督安徽学政，出任主管一省教育的长官。清朝时对于教育非常重视，当时的学政无论品级高低，都与督抚平行，其所提督的学政事务，督抚和布政、按察两司皆不得干预，只有在学政因丁忧（为父母等守孝）等特殊事情离任的情况下，政务才暂时交给督抚或布政、按察两司署理。

安徽在清初隶属江南省，由驻江宁（今南京）之江南布政使司管理，康熙元年（1662 年）开始建省，设安徽巡抚（驻安庆），改江南布政使司为安徽布政使司，乾隆二十五年始由江宁迁到安庆，统于两江总督。领安庆、庐州、凤阳、颍州、徽州、宁国、池州、太平八府，广德、滁州、和州、六安和泗州等五直隶州。

按照清代制度，学政的主要工作为考核教职和考试生童。当时，捐纳贡、监生，即花钱买来的生员不需要入国子监学习，居住原籍又规定不用参加当地学官主持的月考和岁考，加之人数众多，学官难加以有效管理和考核，因此便成为管理方面的一个薄弱环节。此外，其他也有诸多不尽合理的方面，致使学政管理很混乱，尤其是安徽更是如此。因此，刘墉临行前，乾隆皇帝对他寄予很大期望，希望他能为全国整顿学政开一个好头，特意赐诗相送，其中有"海岱高门第，瀛洲新翰林"之句。这就是后来刘墉曾经刻有"御赐海岱高门第"印章以示恩荣的来历。当时，刘墉还有一首《恭和御赐安徽学政刘墉诗元韵》自勉，该诗写道："久沐恩如海，新知士有林。天章荣捧璧，雅化念追金。勖以弓袭业，殷然陶铸心。赓歌渐里拙，濡翰颂高深。"

刘墉也的确不负皇上所望。上任伊始，即遇到一件稀奇事。到贡院还没来得及喘口气儿，就听说在考务中一个名叫吴敬梓的童生，在考卷中写道："今天下之事，有清有浊，浊清交互，有志者，当使天下清浊分明也！"从字面来看，明显有诽谤朝廷的意思。刘墉知道这种事最犯乾隆帝的忌讳，不想节外生枝，就想查明后奏明皇上，由乾隆帝裁决。谁知查来查去却发现一个天大的冤案。

原来刘墉将吴敬梓的卷子调来复查时，那吴敬梓不仅不承认自己写过那段话，通过进一步验查笔迹，刘墉更是大吃一惊：他发现竟然连考卷也不是吴敬梓自己所答。刘墉将所有考卷调来后，吴敬梓很快便找出了自己的考卷，刘墉一看，那名字竟是吴敬梓，正是今年的贡院头名秀才。

刘墉心想，这吴敬梓肯定冤枉，但那位吴敬梓又是何人呢？欲整顿学政，须得首先将此事搞个水落石出不可，否则怎么对得起皇上呢！新来乍到的刘墉为了弄清真相，想起了六王爷喝酒装糊涂的妙法，便派手下去请那吴敬梓前来。

学政大人相邀，吴敬梓觉得脸上有光，等进了贡院，刘墉又破例用私宴招待，并说："此是私交，不必拘礼。"令吴秀才实有受宠若惊之感。酒过三巡，菜过五味，三盅白酒下肚，双方的话也就多了起来。

"本官常想，出外做官不容易，全靠着当地父老相助，日后还请吴秀才多多相助。所以，此次请吴秀才前来，一是为吴秀才进学，表示祝贺，二是有几个小事将有求于吴秀才。"

吴敬梓一听，还认为"强龙不压地头蛇"，刘墉这个"强龙"是想与自己这个"地头蛇"套交情，便大包大揽地说："大人说哪里话，日后学生还要求大人多多赐教呢，岂敢谈对大人相助。不过，日后地方上有什么事，大人只要吩咐一声，就全包在学生身上了！"

"如此说来，吴秀才在这安庆地面上也是个风云人物了？"

"风云人物学生不敢说，但学生可以这样说，学生是要风得风，要雨得雨，从下到上，左右逢源，本省学官吴忠与学生是一家，家父与朝中的和大人是结义兄弟，这可以说是上可通天，下可入地呀！大人在安庆就安心地干吧，没有谁敢动大人的一根毫毛。"

"怪不得吴秀才考场如此顺利，原来是有贵人相助啊！"

"有钱有人就得，你没听人们不是常说，有钱能使鬼推磨，钱能通神，那可是一点不假！就说这考秀才吧！也不就是万把两银子的事嘛！"这吴敬梓真是个十足的糊涂蛋，没让刘墉怎么费劲就吐出了真情。但刘墉却假装糊涂不解地问道："以吴秀才之才，就是考，也是十拿九稳又何必破费银子呢？"

"大人哪里知道，那卷子上的字是我写的，可文章根本不是我做的，全是学官吴大人做好让我抄的。事情简单得很，不就是五千两银子么！哈哈哈。"

"噢！原来如此，吴秀才，咱不说这个了，早就听说吴秀才字写得好，本官想求吴秀才写几个字如何？"

那吴敬梓喝得迷迷糊糊，竟然在鲁班门前耍大斧，借着酒意，写下了"天高云淡万里晴，吴敬梓"几个字。当时，吴敬梓做梦也没有想到，刘墉早已安排好人，将他说的话一字不差地全记录了下来。

在掌握了舞弊的确切证据后，刘墉将学官吴忠找来，对他说："此次贡院考试，出了一桩怪事，不知吴大人可曾耳闻？"

"有何怪事，下官未曾耳闻，请大人明示。"

"吴大人既然未曾耳闻，那本官就说与你听。此次考试中，竟然有一个童生没写一篇文章，却能高中！"

吴忠心中一惊，但他故作镇静地说："什么！自己不写文章，还能高中，哪里会有这等事？岂不是荒唐可笑！"

"吴大人，你真的不知道这不写文章反倒得中的是谁吗？"

"下官不知！"吴忠脸上的汗开始冒了出来。

"他就是此次贡院考试之首吴敬梓吴秀才！"

"不会，不会！不会是吴秀才！"

"吴大人，你怎么知道不会是吴秀才？"

"这个……吴秀才是我亲手所点，若是假的，我们怎么向皇上交代呀！"吴忠说话的腔调都变了。

"早知今日，又何必当初！"

"刘大人这话是……"

"我的意思难道吴大人还不明白吗？本官实在没想到，吴大人还与这吴秀才有牵扯！"

"这吴秀才与下官有何牵扯，真乃荒唐至极！"

见吴忠不承认舞弊，刘墉不慌不忙地说："我现在先不说此事。吴大人，我来问你，现在有三种人，一是睡着了的，二是未睡着的，三是未睡着而装作睡着了的，我要想将此人喊醒，你说哪一种人最难喊？"

"当然是那个未睡着而装睡着的人最难喊！因为那未睡着的人，本身就是醒的，因此一喊就醒，那睡着了的人，也能把他喊醒，那未睡着而装睡着的人，是因为他有意不理，所以最难喊。"

见话都说到这个份儿上了，吴忠还在装糊涂，刘墉不想与他再兜圈子了，便严厉地喝问道："如此说来，吴大人就是有意不理的了？难道非要本官逼你说出来不可！"

"刘大人，你说我考场舞弊，有何证据？"

原本想救他一命的刘墉见这家伙死不认罪，便只好将两个吴秀才带来，让他们当堂指认，在事实面前逼吴忠交代了实情。原来不光是五千两银子的事，吴忠之所以敢硬抗，还因为有和珅给他撑腰。在这种情况下，刘墉只好上了一道奏折，将整个案情全部奏明乾隆帝，使和珅不敢出头，将吴忠撤职查办，最后削职为民。

然后，刘墉以此案为突破口，对安徽学务来了个彻底治理，很快便使安徽学务面貌一新，莘莘学子为之鼓舞，个个欢心。

乾隆二十四年（1759 年）四月，刘墉向朝廷奏请，此后遇贡监生有过失需要惩戒时，州县官应会同学官核办；遇举报贡监优劣，唯责州县官代为办理，从而明确了州县官管理捐贡监生的职责，使全国的学务得到很大的改观。

≫ 深藏自己的睿智

藏而不露是为人处世的一门艺术，这一点相当重要。对于刘墉来说，则是时时刻刻都深藏自己的睿智，做到藏而不露，引而不发。

这是因为：乾隆帝是一个非常自信的君主，他要求他的大小臣子必须无条件地服从他，绝不允许任何人对他说三道四。特别是晚年的乾隆帝更是刚愎自用，听不得任何不同意见。许多大臣都是绝对地顺从乾隆帝的意愿行事，甚至明知乾隆帝说错了，也没人敢指出来。然而，精通史学的刘墉，不仅将东汉末年名士贾诩应对曹操所采取的"藏而不露，引而不发"大智若愚糊涂之道反复研读，而且将其深化之后，同样也大见其效。

乾隆四十一年（1776 年）四月的一天，刘墉正在南书房阅览征西将军阿桂送来的捷报，就见一内侍匆匆来传谕旨，宣召他立即进宫面见皇上，有要事相商。刘墉连忙放下手中之事，随内侍来到乾清宫便殿。只见乾隆帝怒容满面，坐在御座上，见了刘墉，挥挥手立即赐座。刘墉还未开口，乾隆帝就递过一份奏章，接过来一看，却是户部的一道奏疏，内称："天下州县府库多空缺……"

乾隆帝愤怒地说："朕登基数十年，大都年岁丰稔，官民富足，可有些地方府库仍然空乏，这是为什么？"

刘墉心里很明白，地方府库空乏的原因是因为近年来用兵西疆，耗资巨万，但他见乾隆帝生气，就不想明说，以免惹皇上不高兴，而是说："此事容臣查询后再行禀告。"

"不用查了，朕早已知道，凡是府库不盈之处，皆地方官无能所致。赶快草拟诏书，布告天下，凡府库空虚的地方官，一律罢职，所余空缺，即以笔帖式等官代之。朕为此已想了三天，你以为如何？"

刘墉知道年迈的乾隆皇帝晚年有易怒的毛病，所以他听了乾隆的话，好半天没吭声。

"怎么样？你怎么不回答？"乾隆帝见刘墉默不作声，脸呈怒色地询问道。

刘墉明明知道乾隆帝是在气头上说的气话，但他却神色泰然，故作糊涂地回答说："陛下圣明，尚且思考了三天，臣才能平庸，不敢立即回答，容臣回去深思熟虑之后再行呈奏。"

这一句话，既避免了马上回答皇上问话的困难，又巧妙地保住了皇上的面子，实在是明哲保身的高招。乾隆帝见刘墉说得有理，颔首答应。

第二天，刘墉在便殿拜见乾隆帝后，并不直接对皇帝的问话作答，而是委婉地说道："臣昨晚思之再三，以为州县乃治理百姓之官，最好是让能体恤百姓的人去担任。"

此时的乾隆帝，经过昨晚深思熟虑之后也已冷静下来，并觉察到昨天所言甚是不妥，未等刘墉说完，便笑着说："你说得对，就照此办理吧！"

于是，一场风波就这样平息下去了。

刘墉曾经以贾诩为例，作为自己人生的借鉴，所以做到了藏而不露，引而不发。这印证了他的一句话："贾诩以'藏'安身，吾当醒之。"

　　据史书记载，贾诩胸怀韬略，算无遗策。在汉末大动乱的年代中，应付裕如，游刃有余，是一位不可多得的、杰出的大智之士。

　　贾诩，字文和，武威郡（今甘肃武威县）人。少年时没有人了解他的才识，只有汉阳人阎忠认为他与众不同，有张良、陈平之才，因而很看重他。阎忠有奇谋，曾向皇甫嵩指点乱世争胜谋略，因未被采纳而随即隐退。《九州春秋》中曾记载有阎忠的一些行迹，其韬略思想注重"顺时而动，因机而发"，"天道无亲，百姓与能"，"神机决断"，"因势利导"。强调"如有至聪不察，机事不先"，必然后悔不及。贾诩的韬略风格与阎忠十分相似，或许在韬略上曾经受到过阎忠的点拨。

　　贾诩年青时曾被举荐为孝廉，任郎官，因患病辞职，西行返家途中，与反叛的氐人相遇，同行的几十人都被氐人逮住了。贾诩说："我是段公的外甥，你们别活埋我，我家一定会拿很多钱来赎我。"当时的太尉段颖，曾任守边大将多年，威震西土，所以贾诩便借他的名字来威吓氐人。氐人果然不敢害他，与他盟誓后送走了他，而其余的人全都死掉了。贾诩实际上并不是段颖的外甥，只是善于权变以成事。随机应变、当机立断的韬略智慧使贾诩逃脱困境。

　　当曹操与袁绍相持在官渡时，袁绍派人前来招揽张绣，由于贾诩是张绣的主要谋士，袁绍也同时给贾诩写信要求结交互援。张绣本想答应袁绍的要求，可贾诩在张绣座位前面公开对袁绍的使臣说："回去替我辞谢袁本初，兄弟之间尚且不能互相容纳，还能容纳天下英雄豪杰吗？"张绣惊惧地说："怎么能这样说话！"私下却埋怨贾诩说："事情弄到这个地步，我们归附谁呢？"贾诩说："不如归从曹公。"张绣说："袁强曹弱，我们又与曹操曾是仇家，为什么归从他呢？"贾诩说："这正是我们应该归从曹公的原因。曹公事奉天子以号令天下，这是应该归从他的第一个原因。袁绍强盛，我们以这么少的人去归从他，必然不看重我们。曹公的队伍弱小，他得到我们必定高兴，这是第二个原因。胸有大志的人，本来就会放弃私人恩怨，以向天下显示他的德行，这是第三个原因，希望将军不要再疑虑了。"张绣便听从了贾诩的建议，率领众人归附了曹操，曹操见到他们，十分高兴，拉着贾诩的手说："使我在天下得到信任和尊重的人，就是您啊。"遂上表任命贾诩为执金吾，封为都亭侯，升调为冀州牧。

贾诩不仅富有谋略，而且精通大智若愚糊涂之道中藏而不露、引而不发的道理。在曹操立储的问题上，斗争是很激烈的，贾诩不像杨修那样自作聪明。后来做了魏文帝的曹丕，最初的职位仅是外五官中郎将，而已经封侯的曹植极有才华，名声正盛，两个人各有自己的势力，都在全力争夺王位。曹丕让人询问贾诩巩固自己地位的办法，贾诩说："希望将军宏大自己的德行气度，亲自实践普通士子的修业，朝朝夕夕，孜孜不倦，不违背人子之道。就是这些罢了。"曹丕听从了他的劝告，深自砥砺。曹操又曾经支开左右，专门就立储之事询问贾诩，贾诩默不作答。曹操说："和你说话怎么一声不吭，究竟是为什么？"贾诩说："下属正好在琢磨事情，所以没有回答。"曹操问："琢磨什么呢？"贾诩说："琢磨袁本初父子、刘景升父子。"曹操大笑而悟。原来，袁绍和刘表两人均在立储问题上废长立幼，引起内争，种下失败之根。就是在立储的关键时刻，贾诩一言九鼎，使悬而未决的太子归属问题终于最后敲定。

此外，贾诩自己认为不是曹操的旧臣，而又多谋善策，恐怕被猜忌怀疑，招致不测，于是就假装糊涂，整天闭门自守，没有私交，子女娶嫁，不攀高门大户。天下谈论智慧计策之人都一致认为贾诩是当之无愧的。

曹丕即位后，让贾诩做太尉，晋升其爵位为魏寿乡侯，增加封邑三百户，加上以前的共有八百户。又分封邑二百户，封贾诩的小儿子贾访为列侯，让他的大儿子贾穆任驸马都尉。七十七岁，贾诩去世，得善终。

看样子，刘墉以贾诩为例，是悟透了人生的大智。

学会护身的技巧

护身的技巧，因人而异，因时而别，凡是善于护身的人都知道这一点秘密，一定要把心中的秘密藏在最隐秘的地方。

张良，字子房，又以封地称留侯。出身名门望族，其祖及父五世为相韩国。韩被秦灭后，他图谋复韩，曾指派刺客持一百二十斤重的大铁锥击秦始皇而未中，因此获罪逃亡在下邳（今江苏睢宁北）藏匿。陈胜、吴广起义后，张良立即聚众响应，先投项羽之叔项梁，并劝说项梁立韩国贵族后裔成为韩王，实现了自己复韩的理想。后韩王因投靠刘邦为项羽所杀，张良复归刘邦，成为刘邦的主要谋臣。他深谋远虑，而且出谋必胜，很为刘邦赏识和佩服，赞誉他是"运筹帷幄之中，决胜千里之外"的人杰。他为刘邦取得楚汉战争的胜利立下了不朽功绩，是汉代立国的大功臣，是史家所称"汉初三杰"之一，他是我国历史上一位名扬史册的大谋略家。

张良先是投奔项梁图谋复韩，"合"之，后韩王为项羽所杀，就投奔刘邦，"忤"项"合"刘。适时地实行忤合术，是张良成功的关键所在。

张良善谋国也善谋身，既是一个胸怀宏图大志、敢作敢为（如刺杀秦始皇等）的人，又很谦虚谨慎，懂得适可而止。这充分反映在张良对待刘邦称帝后给他论功行封的态度上。劳苦功高，忠诚汉室，刘邦非常敬重他，因此在论功行封的会议上，刘邦让张良自己选择齐国三万户的食邑，张良却辞让不受，反而谦虚地请求封给他首次与刘邦相遇的留地（今江苏沛县，只有万户）。刘邦为其感动，便同意了他的请求。他辞封时说："自己在韩国灭亡之后沦为一个布衣，一个布衣能得封万户，位在列侯，应该满足。"封建士大夫出身的张良，在业成功垂之后，不仅不居功自傲，还能自谦相让，实在难能可贵！

张良谋国有远虑，谋身知近忧。尽管刘邦待他不薄，但他深知刘邦的为人。当他目睹彭越、韩信等有功之臣陆续招致悲惨结局之后，不能不联想到历史上范蠡、文种在扶助勾践再兴越国后的不同选择和结果。他深悟"敌国破，谋臣亡"的哲理。他不愿意步文种、彭越、韩信的后尘，而是要明哲保身。于是他主动向刘邦提出告退，"忤"之而专事修道养身，并想轻身成仙。后因吕后感德张良，极力相劝，张良才仍食人间烟火。但他对于国政大事已不再积极顾问了。

对于张良的功成告退，史家多有褒贬，说法不一。但是作为一个谋略家，张良是非常懂得权衡利弊关系的。在国家大局已定的情况下，身体不好，年迈知退，让位后人，现在看来不失为明智的选择。

据史料记载，刘墉晚年在政事处理上颇为圆滑，对任何事都不置可否。时人昭梿的笔记《啸亭杂录》就说：

刘文清公入相后，适当和相专权，公以滑稽自容，初无所建白。纯皇召见新遣知府戴某，以其迂疏不胜方面，因问及公。公以"也好"对之，为上所斥。谢芗泉侍郎颇不满其行，至以否卦象辞讥之，语虽激烈，公之改节亦可知矣。

　　正史也记载：嘉庆二年十月上旬，乾隆在关于户部尚书董诰破例授予大学士一职所发的谕令中就指责刘墉说：刘墉平日于铨政用人全未留心，率以模棱之词塞责，不胜纶扉，即此可见。

　　那么刘墉为什么要采取模棱两可的态度，不向乾隆皇帝表露自己的真实想法呢？

　　武则天御纂的《臣轨》中宣扬君臣之间真诚相待的重要性，说：君臣之间不坦诚，国家政治就不会太平；父子之间不坦诚，家庭就不会和睦；兄弟之间不坦诚，双方的感情就不会亲密；朋友之间不坦诚，他们的交情就容易断绝。自始至终都要贯彻不渝的，恐怕就是诚实这种品德了吧？诚实再诚实，永远遵守这一品德，天地鬼神都会与他相通，而无阻碍。而在实际生活中，君臣之间却不会存在真正的友谊。韩非子就认为，君臣关系是一利害关系，无所谓情谊问题，君主驾驭臣下的手段，靠的是高高在上的权威、严厉的刑罚和阴谋手段，以利益相诱惑，使臣下不得不依附于君主的权威之下。雍正和乾隆有一个共同特点，就是想方设法对有独立政治见解的臣僚进行摧辱。李绂就因性格刚强，个性突出，而为雍正帝猜忌。雍正帝曾训斥说："你实不及朕远矣。何也？朕经历处多，动心忍性非止数年几载。若与朕一心一德，心悦诚服，朕再无不教导玉成你的理。若自心谓记数篇文章，念诵几句史册，心怀轻朕之心，恐将来悔之不及。当敬而慎之，五内感佩可也。朕非大言不惭，纵情傲物，以位尊胜人之庸主。莫将朕作等闲皇帝看，则永获益是矣。"书生气十足的李绂，并未真正懂得雍正帝要他"心悦诚服"的本意是"是是非非唯朕是从"，竟然参劾雍正宠臣、河南巡抚田文镜。雍正为此愤怒不已，遂兴大狱，以相摧折。袁枚描述说：

世宗知公深，本无意诛公，特恶其倔强，故摧折之，冀稍改悔。两次决囚，命缚公与蔡某同至菜市，两手反接，刀置颈，问："此时知田文镜好否？"公奏："臣愚，虽死不知田文镜好处。"乃宣旨赦还，仍囚狱中。亡何，世宗传齐诸王大臣，罗列析杨钳锯诸械，召公跪阶下，亲诘责之，天颜甚厉，声震殿角，左右股弁，而公奏对如常。但言："臣罪当诛，宜速正法，为人臣不忠者戒。"世宗为之霁威。

乾隆帝在对待臣工上，也效法乃父所为。乾隆十八年，河道总督高斌因河道决口被革职。乾隆帝念其"尚系旧人，不忍即置重典"，但"亦不可不使知警畏"，于是下令将高斌和死囚一同押赴刑场，并严禁官员泄露将其免死的消息。高斌自以为必死无疑，一到刑场就昏死在地，待苏醒后方知已被加恩释放，于是感恩戴德，誓死图报，不久卒于治河工地。

在乾隆统治时期，臣工中有因个性方面的原因，不讨皇帝欢心，一有过失，便重治其罪，借故处死者。如李因培本系督抚中之干员，然因恃才桀骜，为乾隆帝猜忌。乾隆二十九年，授李因培为湖北巡抚，乾隆帝特谕湖广总督吴达善："因培能治事，学问亦优。但未免恃才，好居人上。今初任民事，汝当留意。治事有不当，善规之，不听，即以闻。朕久未擢用，亦欲折炼其气质，今似胜于前。但恐志满易盈，负朕造就耳。"然李因培对乾隆帝的"造就"苦心似乎不太理解，仍傲慢如故，以致乾隆帝深恶其人。

乾隆三十二年（1667 年），湖南发生冯其柘亏空案，李因培因任湖南巡抚时有徇庇之嫌，被革职严讯，处斩监候，秋谳竟入情实，被赐自尽。而此前犯有同样罪状的江苏巡抚庄有恭，因"荷圣天子深知"，半年不到即以所犯系"外省相沿陋习，各督抚中似此者，谅亦不止庄有恭一人"，将其释放，并授福建巡抚。

由于皇帝的无上权威，和乾隆帝对臣下的摧折，臣下的人格受到极大挫伤，所以当时的大臣几乎没有什么个性，这也是刘墉为什么采取模棱两可态度的真正原因。

模棱两可一词是说人的态度暧昧，不表示自己的意见，是一贬义词。但在一定的条件下，采取模棱两可的态度，也不失为保身自全的良策。

纪晓岚讲过这样一个故事：

有一士人夜坐纳凉，忽然听到房屋上有噪声。惊骇而起视，则见两个女子从屋檐边际格斗坠落下来。女子忽然看到士人，便厉声问该士人说："先生是读书人，姊妹共一婿，有是礼吗？"士人噤不敢语。女子又一再催问，士人战栗嗫嚅地说："仆是人，仅知人礼。鬼有鬼礼，狐有狐礼，非仆之所知也。"二女唾骂说："此人模棱不了事，当另问能了事人耳。"仍纠结而去。

纪晓岚为此说："苏味道模棱，诚自全之善计也。然以推诿偾事，获谴者亦在在有之。盖世故太深，自谋太巧，恒并其不必避者而亦避，遂于其必当为者而亦不为，往往坐失事机，留为祸本，决裂有不可收拾者。此士人见诮于狐，其小焉者耳。"

意思是说，仔细想来，模棱两可确实是保全自身的良策。然而因推诿而模棱两可，受其害也存在有之。原因在于太过于世故，就会自以为智谋太巧，常常会并其不必避讳者也避之，就会连本应该做的也不去做，往往因此坐失良机，留下祸根，甚至于不可收拾地步。此士人被狐讥笑，尚是小事。